处世的艺术

［西班牙］巴尔塔萨·格拉西安 著
晏可佳 姚蓓琴 译

上海社会科学院出版社

目 录

中译本序 ……………………………………… 1

1. 万物皆已达到圆满的境界,而成为一个真正的人,
   则是一切圆满中最大的 ……………………… 1
2. 性格和智力 …………………………………… 1
3. 既不显山,又不露水 ………………………… 1
4. 知识和勇气俱在,方可成就伟业 …………… 2
5. 要使众人有赖于你 …………………………… 2
6. 臻于圆满 ……………………………………… 3
7. 不要让你的顶头上司相形见绌 ……………… 3
8. 不要听凭欲望的摆布:这是一切精神素质中
   最高的 ………………………………………… 4
9. 避免国民性中的不足之处 …………………… 4

10. 名声与运气 ………………………………… 5

11. 要与可师之人交往 …………………………… 5

12. 自然与人为,物质与劳作 …………………… 6

13. 要洞彻人们秘而不宣的更高的目标,而后发制人
    ………………………………………………… 6

14. 既要坦诚相见,又要注意礼节 ……………… 7

15. 身边要有聪明人相助 ………………………… 8

16. 学富五车而心存善良 ………………………… 9

17. 要不断变换你的行事风格 …………………… 9

18. 勤奋与能力 …………………………………… 10

19. 不管做任何事情,一开始都不要使别人
    期望过高 ……………………………………… 10

20. 生当逢时 ……………………………………… 11

21. 成功之道 ……………………………………… 12

22. 要见多识广 …………………………………… 12

23. 不足之处,不可留存一样 …………………… 13

24. 想象力要适可而止 …………………………… 13

25. 要懂得领会他人的暗示 ……………………… 14

26. 找到每一个人的"把柄",亦即他的软肋 ………… 14

27. 精耕细作胜过广种薄收 …………………… 15

28. 凡事不可溺于流俗 …………………………… 15

29. 恪守公义 ……………………………………… 16

30. 不要沉湎于有失体面的事情 ………………… 16

31. 要结识走运的人，好与之为友；也要识得背运的人，好及时规避 ………………………… 17

32. 要让众人知道，你令人愉快 ………………… 17

33. 要懂得何时应当有所不为 …………………… 18

34. 要了解你的最好的品质 ……………………… 18

35. 要审时度势 …………………………………… 19

36. 要揣度你的运气 ……………………………… 20

37. 要懂得什么是含蓄的讥评，还要懂得如何善加利用 ……………………………………… 20

38. 冲突在前的时候要及时抽身而返 …………… 21

39. 要知道事物何时达到顶点，何时成熟，而且要知道如何利用它们 ……………………… 22

40. 宽厚以待人 …………………………………… 22

41. 永远不要言过其实 …………………………… 23

42. 要有经天纬地之气 …………………………… 23

43. 分享情感的人要少，一起说话的人要多 …… 24

44. 要与高尚的人感同身受 …… 25

45. 要利用，但不要滥用隐秘的意图 …… 25

46. 要缓解你的厌恶之心 …… 26

47. 不要投身于冒险事业 …… 26

48. 既要坦诚相见，也要保持深度 …… 27

49. 要做一个观察细致、判断准确的人 …… 27

50. 永远不要丧失自尊 …… 28

51. 要懂得如何选择 …… 28

52. 永远不要有失冷静 …… 29

53. 要勤勉兼有天分 …… 29

54. 行动要大胆而谨慎 …… 29

55. 要懂得如何等待 …… 30

56. 要处事果断 …… 30

57. 考虑周全的人比较安全 …… 31

58. 要适应你周围的人 …… 31

59. 善终为要 …… 32

60. 要有健全的判断力 …… 32

61. 向至善处追求卓越 …… 33

62. 工欲善其事,必先利其器 …………… 33

63. 要追求卓越,敢为天下先 …………… 34

64. 不要顾影自怜 ………………………… 34

65. 品位要高 ……………………………… 35

66. 要留心使事物有一个好结果 ………… 36

67. 要选择一个能使人获得赞誉的职业 ………… 37

68. 要使他人拥有理解力 ………………… 37

69. 不要屈服于每一种常见的冲动 ……… 38

70. 要知道如何说"不" …………………… 38

71. 勿自相矛盾,不论出于喜怒无常还是矫揉造作 …… 39

72. 要坚定果敢 …………………………… 40

73. 要懂得何时趋利避害 ………………… 40

74. 不要与人为敌 ………………………… 41

75. 要选择一个英雄为榜样,不是模仿他,而是和他竞争 ………… 41

76. 不要到处开玩笑 ……………………… 42

77. 要迎合每一个人 ……………………… 43

78. 要善于摸着石头过河 ………………… 43

79. 为人要开朗 …………………………… 44

80. 了解事物的时候要谨慎 …… 44

81. 你的卓越之处要推陈出新 …… 45

82. 无至恶亦无至善 …… 45

83. 要允许自己有轻微的过失 …… 45

84. 要懂得如何利用你的敌人 …… 46

85. 不要做百搭 …… 46

86. 平息谣言 …… 47

87. 要有修养,文质彬彬 …… 48

88. 要以庄重的方式对待他人 …… 48

89. 要认识你自己 …… 49

90. 长生久视之道:一切好自为之 …… 49

91. 除非你认为谨慎有余,否则切勿行事 …… 50

92. 在任何情形下都要超越智慧 …… 50

93. 做一个多才多艺的人 …… 51

94. 要让天赋深不可测 …… 51

95. 要让人长存期望 …… 52

96. 要有健全的常识 …… 52

97. 要获取名声并且要长久保存 …… 52

98. 用密码写下你的意图 …… 53

99. 真实与表象 ……………………………………… 53

100. 摆脱谎言与假象 ………………………………… 54

101. 世界的这一半在嘲笑另一半,愚人到处都是,
    统治一切 ……………………………………… 54

102. 好运来临,照单全收 …………………………… 55

103. 每个人都有适合自己的尊严 …………………… 55

104. 对于每一项工作的要求都要了如指掌 ………… 56

105. 不做一个令人厌烦的人 ………………………… 57

106. 好运不可张扬 …………………………………… 57

107. 不要摆出自满自足的样子 ……………………… 58

108. 成为正直之人的一条捷径 ……………………… 59

109. 不申斥人 ………………………………………… 59

110. 不要等到成为落山的太阳 ……………………… 60

111. 要有朋友 ………………………………………… 60

112. 赢得他人的友善 ………………………………… 61

113. 未雨绸缪,居安思危 …………………………… 61

114. 不与人争 ………………………………………… 62

115. 习惯你的朋友、你的家人和熟人的不足之处 …… 62

116. 常与坚持原则的人交往 ………………………… 63

117. 不要谈论自己 …… 63

118. 以礼貌而闻名 …… 64

119. 不要讨人嫌 …… 64

120. 生活当以务实为本 …… 65

121. 不要无事空忙 …… 66

122. 一言一行要有节制 …… 66

123. 不装酷 …… 67

124. 使自己成为众人所需要的人 …… 67

125. 不要给别人的过失罗列黑名单 …… 68

126. 愚人并不在于做蠢事,而是做了蠢事却不知道如何掩饰 …… 68

127. 在一切事上都要悠游自在、心存感恩 …… 69

128. 务必品德高尚 …… 70

129. 永远不要怨天尤人 …… 70

130. 成于内,形于外 …… 71

131. 豪爽之气 …… 71

132. 三思而行 …… 72

133. 宁可众人面前癫狂,不可独自精神健全 …… 72

134. 生活必需品要有双倍的保证 …… 73

135. 不要刻意拧着干 ······ 73

136. 抓住要点 ······ 74

137. 智者自足 ······ 74

138. 一切顺其自然 ······ 75

139. 知道哪些天是你背运的日子 ······ 76

140. 凡事求善 ······ 76

141. 不要只听从自己 ······ 77

142. 不要出于固执而坚持错误 ······ 78

143. 不可自相矛盾,以免流于鄙俗 ······ 78

144. 将欲取之,必先予之 ······ 79

145. 藏起你受伤的手指 ······ 80

146. 透过现象,看其实质 ······ 80

147. 不要让人难以接近 ······ 81

148. 要善于交谈 ······ 81

149. 让别人去做出头的椽子 ······ 82

150. 要懂得如何推销自己 ······ 83

151. 要向前看 ······ 83

152. 不要与那些使你的天赋无从施展的人为伍 ······ 84

153. 不要踏进他人遗留的缺口 ······ 85

154. 既不要轻信,也不要轻易爱谁 …………… 85

155. 善于控制自己的热情 …………… 86

156. 选择你的朋友 …………… 86

157. 不要看错别人 …………… 87

158. 应当知道利用你的朋友 …………… 88

159. 懂得怎样忍受愚蠢的人 …………… 88

160. 出言要谨慎 …………… 89

161. 要知道你自己偏爱的缺点 …………… 89

162. 征服嫉妒和恶意 …………… 90

163. 勿让你对于不幸者的同情,把你变成他们之中的一分子 …………… 91

164. 放飞一只试探气球 …………… 91

165. 要打正义之仗 …………… 92

166. 要把口惠而实不至的人与言必行,行必果的人区别开来 …………… 92

167. 要依靠自我 …………… 93

168. 不要成为一个大傻瓜 …………… 93

169. 避免失手一次,胜过得手百次 …………… 94

170. 凡事都要有所保留 …………… 94

171. 不要滥用人们对你的喜爱 …………………… 95

172. 人若一无所有,勿与之争 …………………… 95

173. 勿以玻璃心与人交往 ………………………… 96

174. 人生不可太过匆匆 …………………………… 97

175. 做一个实在的人 ……………………………… 97

176. 自己不知道,就要倾听知道的人 …………… 98

177. 不要过分亲近别人,也不要让别人过分亲近你 …… 99

178. 相信自己的心 ………………………………… 99

179. 含蓄是智慧的标志 …………………………… 100

180. 勿以你对手的愿望来管束自己 ……………… 100

181. 凡事不说谎话,也不必说出全部真相 ……… 101

182. 要向每一个人表示出一点勇气来:此为一种
相当重要的聪明之举 ……………………… 101

183. 凡事不可过于执着 …………………………… 102

184. 繁文缛节,不必拘泥 ………………………… 103

185. 不要拿自己的声誉冒孤注一掷之险 ………… 103

186. 对事物的不足之处,要及时洞察 …………… 104

187. 某事使人愉快,当亲自为之;当它令人讨厌,
则当让人代劳 ……………………………… 104

188. 寻找别人的长处来褒扬 ………… 105
189. 使他人的匮乏为我所用 ………… 105
190. 要在各种事物中寻找安慰 ………… 106
191. 不要被巧言令色所迷惑 ………… 107
192. 心境平和,可以长寿 ………… 107
193. 当心有些人,他们假装把你的利益置于他们自己的利益之上 ………… 108
194. 对你自己和你自己的事,都要采取现实主义的态度 ………… 108
195. 要懂得欣赏别人 ………… 109
196. 要了解你的幸运之星 ………… 109
197. 千万不要被愚蠢之人绊倒 ………… 110
198. 要知道如何易地而居 ………… 110
199. 当你试图赢得别人的尊敬,要小心谨慎 ……… 111
200. 要有所希望 ………… 112
201. 愚蠢之人一半看上去愚蠢;另一半看上去则不愚蠢 ………… 112
202. 言辞和行为造就一个完人 ………… 112
203. 要结识与你同时代的伟人 ………… 113

204. 容易的事要当作难事办；难事要当作容易事办 … 113
205. 要学会藐视 …… 114
206. 要懂得平庸之徒无处不在 …… 115
207. 凡事自制为上 …… 115
208. 不要因一时糊涂而丧命 …… 116
209. 勿受众人愚昧的影响 …… 117
210. 要懂得如何说真话 …… 117
211. 天堂里一切都是美好的；地狱里一切都是悲哀的，而在天堂和地狱之间的人世，我们找到了两者 … 118
212. 切勿以自己最后的手段示人 …… 118
213. 要知道如何运用激将法 …… 119
214. 不可两次做同一件蠢事 …… 119
215. 要当心那些掩饰自己意图的人 …… 120
216. 要明确地表达自己的想法 …… 120
217. 既不要爱也悠悠，也不要恨也悠悠 …… 121
218. 做任何事切勿出于固执，而要仔细思量 …… 121
219. 勿以人为之事博取名声 …… 122
220. 不能披狮子皮，就披狐狸皮 …… 123
221. 凡事不可鲁莽 …… 123

222. 模棱两可、守口如瓶,是精明的标志 …………… 124
223. 不要以自我为中心 ………………………………… 125
224. 凡事须知如何接受 ………………………………… 125
225. 要知道你的主要缺陷是什么 ……………………… 126
226. 一定要讨众人的喜欢 ……………………………… 126
227. 切勿流于第一印象 ………………………………… 127
228. 不要成为一张黄色小报 …………………………… 127
229. 要让人生有条不紊 ………………………………… 128
230. 在闭上你的眼睛以前,要张开你的眼睛 ……… 128
231. 作品尚未完成,切勿让人看见 ………………… 129
232. 要具备一点实践能力 ……………………………… 130
233. 不要误会他人的趣味 ……………………………… 130
234. 如果你把荣誉托付给其他人,就要使他信守誓言 …………………………………………………… 131
235. 要懂得怎样求人 …………………………………… 131
236. 把对别人的报答转变成为恩惠 …………………… 132
237. 切勿与比你尊贵的人共享秘密 …………………… 132
238. 要知道什么使你功亏一篑 ………………………… 133
239. 不可聪明反被聪明误 ……………………………… 134

240. 愚笨有愚笨的用处 …… 134

241. 要容许别人开你的玩笑,但你不要开别人的
玩笑 …… 134

242. 坚持到底,夺取胜利 …… 135

243. 不要总是做一只鸽子 …… 136

244. 要使人亏欠于你 …… 136

245. 有时不可以常识看问题 …… 137

246. 没有人要你解释,就不要解释 …… 137

247. 知识要多懂得一点,生活要少享受一点 …… 138

248. 不要为最近的东西所迷惑 …… 138

249. 不要等到一切结束的时候才开始生活 …… 139

250. 我们何时应当小心谨慎？ …… 139

251. 尽人之道,仿佛神之道之不存;尽神之道,
仿佛人之道之不存 …… 140

252. 活着不都是为了自己,也不都是为了别人 …… 140

253. 不要过分清晰表述自己的思想 …… 141

254. 不因恶小而满不在乎 …… 142

255. 要知道如何行善 …… 142

256. 时刻提防 …… 143

257. 不可随意与人断绝关系，否则你的名望就会丧失殆尽 …… 143

258. 要找到能够与你分担不幸的人 …… 144

259. 对于使你当众出丑的行为，要有所预见，从而把它们转化为善意的行为 …… 145

260. 你不可能完全属于他人，他人也不可能完全属于你 …… 145

261. 切勿坚持愚蠢的行为 …… 146

262. 要知道如何忘却 …… 146

263. 有许多快乐的事情，属于别人反而更好 …… 147

264. 不可有一日粗心大意 …… 147

265. 要让那些仰仗你的人始终处于艰难困苦的境地 …… 148

266. 人善遭人欺 …… 149

267. 即使讨好的话，也要温柔地说出口 …… 149

268. 聪明人做事利索，愚笨人做事拖拉 …… 150

269. 利用他人对你的新奇感 …… 150

270. 不要只成为一个谴责流行的人 …… 151

271. 如果你所知甚少，那么就要坚持最有把握的那件事 ·············· 151
272. 在你出售的货物价格上还要加上谦恭 ·············· 152
273. 要了解所交往者的性格 ·············· 152
274. 要施展魅力 ·············· 153
275. 随大流，但不可有失体面 ·············· 153
276. 更新你的性格，使之发自天然，又出乎人为 ······ 154
277. 展现你的天赋 ·············· 155
278. 不要孤芳自赏、自顾流盼 ·············· 156
279. 不要回应非难你的人 ·············· 156
280. 做一个诚实的人 ·············· 157
281. 要喜爱有知识的人 ·············· 157
282. 不在场 ·············· 158
283. 要具有创造性，但是要合乎常理 ·············· 158
284. 关心自己的事情 ·············· 159
285. 不要因别人的不幸而毁灭自己 ·············· 159
286. 不要随便向任何人借债 ·············· 160
287. 不可感情用事 ·············· 160
288. 要适应你的环境 ·············· 161

289. 目中无人,最为丢份 ·············· 161

290. 把欣赏与喜爱混为一谈不是什么好主意 ········ 162

291. 要懂得如何试探他人 ·············· 162

292. 要让你的性格胜过你工作上的要求 ········ 162

293. 成熟 ························ 163

294. 发表观点要温和 ················ 163

295. 不要吹牛,而要实干 ·············· 164

296. 一个人要有庄严的品格 ············ 164

297. 举手投足,仿佛有人在监视 ·········· 165

298. 有三件事造就奇迹 ··············· 165

299. 让人们有饥饿感 ················ 166

300. 总之,要做一个有美德的人 ········· 166

中 译 本 序

《处世的艺术》，作者巴尔塔萨·格拉西安（Baltasar Gracián，1601年1月8日—1658年12月6日），出生于西班牙的贝尔蒙特（Belmonte）。他父亲是当地一个专门处理乡邻家族房产的律师，一共生了四个儿子，格拉西安是最小的一个。因家境贫寒，除二哥夭亡之外，格拉西安的长兄都入了天主教修会。格拉西安从小寄养在托累多（Toledo）的叔父家里，26岁晋铎，32岁发愿入耶稣会。当时耶稣会在欧洲方兴未艾，他得以在托累多和萨拉戈萨接受严格的神学与文学教育，以后历任随军神父、告解神父、官员，并且担任过塔拉戈纳（Tarragona）等地的数所耶稣会学院院长和副院长。格拉西安与众不同的经历使他有许多机会同西班牙的王室成员、达官贵人、宗教界和知识界的各类人物打交道，体验、观察人生百态，为他的包括《处世的艺术》在内的文学作品积累了丰富的题材和灵感。他曾经做过贵族弗兰西斯科,马利亚·卡拉法(Francesco Maria Carafa)的告解神父,多次随同入朝;早先格拉西安即与萨拉戈萨的首富、著名的西班牙人文主义者拉司塔诺萨(Vicencio Juan Lastanosa)结为莫逆之交。拉司塔诺萨在自己的家乡萨拉戈萨东北的古城维斯卡(Heusca)设有沙龙和图书馆,除大量的书籍和手稿外,还收藏有如提香、丢勒、丁托雷替、里贝拉等的画作、钱币、纹章、甲胄和其他古董,他的私家动植物园也是令人流连忘返的去处。格拉西安在萨拉戈萨的耶稣会学院工作的一段时间,成为拉司塔诺萨家的座上客。以后两人多有信函往来,这些信函表明,格拉西安经常往来于马德里、萨拉戈萨和塔拉戈纳等地,亦常出现在国王腓力三世的餐桌上。

格拉西安一生创作了大量作品,其中不少是受命于耶稣会、教会和政府等的应景之作。当时西班牙文学界流行的文风是内容夸张,遣词怪诞,长篇大论,主要受到安东尼亚·格瓦拉(Antonia Guevara)和诗人贡戈拉(Gongora,1561—1627)的影响。这一风格也在格拉西安的创作中发挥得淋漓尽致。1637年格拉西安出版了他的第一部作品《英雄》，描写了他心目中的具有人文精神的领导者；在1630年代陆续出版了《政治家费尔南多》《智慧与道路》等书，1650年代则出版了三卷本寓言体哲理小说《批评家》，书中提出了作者对人类灵魂的教育和熏陶的看法。

格拉西安的作品之所以大受读者欢迎，除创作手法上的因素之外，恐怕就是其中所浸润着的当时弥漫于欧洲知识界的人文主义精神。这在他的《处世的艺术》一书中表露得尤为明显。格拉西安始终对人生抱有一种积极向上的乐观态度。在格言的第一条他便高度赞美人类生存世界的尽善尽美以及人类道德的圆满对于这个世界的重要意义："万物皆已达到圆满的境界，而成为一个真正有人格的人，则是一切圆满中最大的。"在终生献身耶稣会士的格拉西安，在其所著的300条格言里，强调以人自身的禀赋，如智慧、友情、审慎、自制、勤奋、求知、锐意进取和自知之明等达到道德圆满。

当然，他并没有流于空泛的道德说教，而是坚信在人们追求道德圆满需要辅以诸般具体的手段，从而获得成功的喜悦、人间的幸福。有些格言是关于个人品性的修养,如既"要与可师之人交往(11)"、"要坦诚相见,又要注意礼节(14)";有关于行动的教诲:当人们实现某一目标的生活,要发挥"性格和智力(2)"的双重作用,即所谓情商、智商两者兼而有之。但是在具体操作的层面,又要做到"既不显山又不露水,出奇制胜方可赢得赞誉。过分暴露既无裨益又少品味(3),"有些目标仅仅依靠自己的力量难以实现,因此"身边要有聪明人相助(15),"方能成为强者。有些格言似乎是有感而发,"避免国民性中的不足之处……古往今来,没有一个、哪怕再优雅的国家能够避免这样或者那样的固有的内在瑕疵(9)";有的对时光如梭不无感慨:"20岁时,你是一只孔雀;30岁是只狮子;40岁是头骆驼;50岁是条蛇;60岁是狗;70岁是猴;80岁就什么也不是了(276),"但人生各有其时,踩准节奏、把握提升才是上上之道。有些生活的经验之谈似乎也是千年不败、万年不倒——"不要让你的顶头上司相形见绌(7)"、"要随大流,但不可有失体面(275)",而今的职场青年很快也运用自如了吧。

或许正是由于其作品中强烈的人文主义色彩,格拉西安与耶稣会关系一直非常紧张。1637年他受到耶稣会的谴责,理由之一就是他假其兄之名出版书籍。格拉西安在生命的最后10年里,遭到一系列的警告,最终被耶稣会撤销在学院教书的资格,受到监视,并禁止出版作品。但是,与此形成鲜明对比的是,格拉西安300年来受到欧洲读者的普遍欢迎。他的许多作品几乎是在出版以后数年之内就被翻译成为其他欧洲国家文字。

有趣的是,1829年,德国哲学家叔本华得到此书,即将其译为德文,且盛赞此书独一无二,它"教导的是人人乐于奉行的技巧,尘世之人自当人手一册,尤其是有志搏击于此尘世的青年,更无例外……此书只读一遍还不够,尚需时时参考,以备急需……总之,本书值得终生与其为伴"。不知何故,出版商拒绝出版叔本华的译稿,译稿在他死后才问世(1862年);不过,在之后多年的著述中,叔本华在《劝诫与格言》(收入《叔本华论说文集》,商务印书馆1997年版,第178页)、《悲观论集》(《叔本华论说文集》第453页、457页)等篇,亦引用这位耶稣会士的格言。叔本华在多大程度受到格拉西安的影响,尚有待研究,但是此二人虽跨越了将近200年,有一点却是共同的,那就是将人类道德自性的养成和人生智慧的增长有机地结合为一体。

因此,作为中文译者,我相信,这样一本字字珠玑、充满智慧和幽默的小书会让许多读者开心之余有所启迪的。

本译本最初在老同学严国珍鼓励下,于1999年由上海人民出版社刊行,以后曾多次重印,读者甚夥,此次承蒙霍覃编辑的联系得以重版,在此一并感谢。为不辜负社里的美意,更是对广大读者负责,译者在原有译本的基础上,重新进行了翻译,纠正了一些误译,文字也作了一些润色,限于篇幅恕就不在此一一指出了。

1. 万物皆已达到圆满的境界,而成为一个真正的人①,则是一切圆满中最大的

而今出一个圣贤比当年出希腊七贤更难。你与一个人交往所需要的智谋,超过当初与整个国家的人交往。

① 格拉西安认为,并非人人都是一个真正的人。人要经过努力,达到道德上的圆满境界,才能成为一个"有人格的人"。

2. 性格和智力

性格和智力,两者都是你天才之所系,要靠它们显示出你的禀赋。二缺其一,只能成功一半。仅有智力是不够的;你还要有正常的性格。愚人失败,因为他们不顾自己的条件、地位、出身或者友谊。

3. 既不显山,又不露水

既不显山,又不露水,出奇制胜方可赢得美誉。过分直白既无裨益又少品味。不要当面摆谱,要令人家费劲猜想,你要是位居显赫,人们对你有所期待,就更当如此。神秘因其不可捉摸而使人肃然起敬。就是摆谱也不可一览无余,毋使人人洞察你的内心。审慎的沉默乃是精明

之人的庇护之所。心中的决断一旦张扬,就再得不到尊重,还会招来评头论足。如果它们还有瑕疵,那你的不幸就会加倍。如果你希望人们注视你、期盼你,就应当效法神龙的样子,见首而不见尾。

4. 知识和勇气俱在,方可成就伟业

知识和勇气俱在,方可成就伟业,因为它们不朽,故也使你不朽。知识可以造就你,如果你聪明,能做成任何事情。无知的人面对的是一个黑暗的世界。判断和力量乃是眼睛和双手。没有勇气,智慧便结不出果子。

5. 要使众人有赖于你

神之所以为神,不是要你去装点雕像,而是要去崇拜。真正的聪明人情愿让人们需要他而不是感谢他。斯文的希望比粗俗的感谢更加珍贵,因为希望常被记在心,感谢出口就忘。你从依赖感得到的,比从谦恭得到的为多。人喝足了就会离开水井,橘子榨干了就由金色转为果渣。当人们不再依赖你,谦谦君子的风度就不见了,对你的敬意也灰飞烟灭了。经验教授的最重要的一门课,

就是要保持众人的依赖感,享受它而不知餍足。这甚至能够引起一个国王的注意。但是不要走得太远,免得因为你的沉默使他人误入歧途,或者为了自己的利益使他人病入膏肓。

6. 臻于圆满

没有人天生圆满。要日日精进,不论在品格上还是在工作上都应如此,直到臻于圆满的那一天,天赋登峰造极而进入至善至美的境界。完美无缺的人:品味高尚、智力纯正、意志坚定、判断敏锐。有的人从未达到圆满境地,总是缺少点什么。其他的人则用许多的时间塑造自己。登峰造极者——言语聪慧、行为审慎,正是独特持重的上流社会所激赏的、甚至求之不得的人。

7. 不要让你的顶头上司相形见绌

被人打败毕竟可恨可悯,胜过自己的上司不仅愚蠢,而且致命。优越感总是令人作呕,在上级和君王的眼里尤其如此。大多数人并不在乎别人在运气、性格或者气质上超过自己,但是没有人,特别是君主,喜欢别人在智力上超过自己。因为智力乃是人类性格之王,对它的任何冒犯都是大逆不道。君主们将智慧视为头等大事。王公贵族喜欢得到辅佐,却不喜欢别人胜过他们。给别人提建议,应当显得好像在提醒某个被他遗忘了的东西,而不是某个他根本不知道的东西。正是星星教导我们其中的微妙。它们是光明之子,但是它们从来不敢在太阳面前炫耀。

8. 不要听凭欲望的摆布:这是一切精神素质中最高的

远离粗俗的、转瞬即逝的印象,要让这个特性成为你的长处。再没有比驾驭自我和欲望更加重要的:这是一种意志上的胜利。即使欲望影响到你的人格,也不要让它影响到你的地位,地位至关重要,其他都不打紧。这是避免麻烦的聪明办法,也是赢得他人的尊敬的一条捷径。

9. 避免国民性中的不足之处

大河奔流,泥沙俱下;人亦如此,带有出生地的各种善恶之品德。相形之下,有的人从他们的祖国或者城市中得到的东西比较多,因为他们出生的环境讨人喜欢。古往今来,没有一个、哪怕再优雅的国家能够避免这样或者那样的固有的内在瑕疵,而这些软肋是被邻国紧紧盯住不放,以作为他的防御和安慰。改正这些国民性的不足之处,或者至少巧加掩饰,乃是至高德成就。由此你将被奉为你的民族中间出类拔萃的人物;因为最出乎意料的,最受珍视。一个人的家族、环境、职业以及时代也会造成诸般美中不足。如果所有这些美中不足都集中在一个人身上,又不加防范和纠正,它们就会生出一个让人难以忍受的恶魔。

10. 名声与运气

名声与运气,一个恒久不变;另一个反复无常。后者即时变现;前者姗姗来迟。运气与嫉妒作对;名声与无名为敌。你可希望运气,有时以自己的努力去赢得它,但是所有的名声需要不断劳作。渴慕名望,来自力量和活力。名声是——并且总是——巨人族的姐妹。它总是走向极端:不是魔鬼,就是奇才;不是诅咒,就是欢呼。

11. 要与可师之人交往

要让友谊成为一所知识渊博的学校,让交谈成为良好的教诲。要使你的益友成为你的良师，把有益的知识和快乐的谈话融会贯通。要与有理解力的人为伍。你所说的将被报以欢呼；你所听到的将会成为知识。平时与人相交乃出乎一己之力，而在这里，利益变得高贵。精明之人时常出入高贵的主人的家门：那是英雄主义的剧场，而不是浮华的王宫。有的人以知识和健全的判断力而声名远播；一切圣哲都是以身作则和与人为善而得以成就。凡与其同行者可以组成一所洋溢着非凡的判断力与智慧的高贵的学府。

12. 自然与人为，物质与劳作

一切的美都需要帮助。完美的境界若无人为使之升华，将转变成为野蛮世界。人为可以拯救邪恶，使善臻于至善。自然常常在我们最需要它的时候使我们跌倒；莫如转向人为。没有人为，再好的性情也是粗俗的；没有修养，再完美的境界也是半成品。没有人为，人们就是一派粗鲁而野蛮的面貌。完美的境界需要陶冶。

13. 要洞彻人们秘而不宣的更高的目标，而后发制人

人生在世，就是针对邪恶的一场战争。狡猾玩弄意

图的谋略,以此武装自己。它从来就是声东击西。它装模作样奔向这一个目标,好像无动于衷的样子,实际上却在奔向另一个它有意掩饰的出乎人们意料的目标。它有时也会透露一些自己的意图,以便吸引注意、获取信任。但是它立刻反其道而行之,出其不意地大获全胜。综观一切的理智,以其切近的观察拦截狡猾,警惕地伏击它,理解狡猾想要它理解的反面,当下辨别出虚假的意图。理智让第一个意图通过,守候第二个、甚至第三个意图。看到自己的诡计被识破,狡猾就变本加厉,试图以说出真相而蒙混过关。它改变策略,以其不带诡计的表面文章欺骗我们。它以率真掩饰自己。但是仔细观察,便能看透所有这一切,发现光明背后的阴影。它解读出背后掩藏最深的意图所在。无怪乎皮同①的狡猾与阿波罗看透一切的光明是针锋相对的。

① 希腊神话中盖亚所生巨蛇,代表黑暗,为阿波罗所杀。

14. 既要坦诚相见,又要注意礼节

真实不是直来直去:你还必须注意场合。礼数不周可以败坏一切,甚至公正和理智也概莫能外。而周到的

礼节则可以补偿一切：它把"拒绝"变成金子，使真理甜蜜，甚至使苍老变得美妙。事物"怎样"至关重要，而使人愉快的礼节俘获他人的感情。优雅的仪表在生活中是极可宝贵的。言语和举止均谓得体，你将脱离任何困难的境地。

15. 身边要有聪明人相助

只有这类人能够成为强者：在他们的周围聚集着有着极大的理解力的人，使之摆脱因为无知而陷入的窘迫境地，凡遇明争暗斗，都有人为他们挺身而出。善用有识之士乃是独一无二的崇高之处：比那个想让被俘的国王作为奴隶的提格兰（Tigranes）①野蛮人的品位略胜一筹。要巧妙地使那些天生傲慢的人成为你的奴仆，这实在是一种新的驭人之道，是生活中的第一要务：我们生而有涯，知而无涯，而无知便不得生。研究和学习而无需自己费劲，这可需要非同寻常的诀窍：从众人那里而学得众多的东西，知道的比他们所有人都多。如此行，你就可以走进人群，成为他们的代言人。你将成为他们的代言人，就像许多圣贤一样前来向你讨教，你将声名鹊起，就像一个预言家借着他人的不安而获得名声一样。选择一个目标,然后让你周围的人以他们独有的知识来为你效劳。如果你不能使你的知识成为你的奴仆,就使它成为你的朋友。

① 公元前1世纪时的亚美尼亚国王,曾经征服帕提亚,经常与那些被他打败的王子们出现在公共场合,以示羞辱。

16. 学富五车而心存善良

学富五车而心存善良,可确保你功成名就、开花结果。聪明与邪恶的联姻,绝非良缘,而是魔鬼的淫乱。邪恶的意念荼毒了至善的真境。在知识的教唆下,它变本加厉地为非作歹。超群的智力屈服于邪恶,导致的恶果不堪设想。缺乏判断力的知识乃是双重的邪恶。

17. 要不断变换你的行事风格

要不断变换你的行事风格,风格多多益善。如此可以使人,特别是你的竞争对手迷惑不已,唤起他们的好奇心和注意力。如果你只是按部就班地照着最初的意图行事,人们就会有所预见并且挫败它。捕杀一只直线飞行的鸟儿乃举手之劳,而捕杀一只飞行路线曲里拐弯的鸟儿就要费一些周折了。也不要总是按第二个意图行事;任何事连续做过两次,别人就会发现其中的奥妙。恶意随时会袭击你,你要靠众多的巧计智取。棋局中的高手从来不走对手意料之中的那着棋,更不走想叫他走的棋。

18. 勤奋与能力

出类拔萃需要勤奋与能力两者兼而有之。两者兼而有之,出类拔萃也就在其中了。笨鸟先飞,勤能补拙。勤劳生财。勤劳可以换来名声。有的人甚至在最简单的事情上也不愿意专心致志。干普通工作,表现平庸,这倒无甚大碍:你可以自找借口,说自己天生适合做高尚的工作。但是做最低级的工作表现平平;做最高尚的工作又不能脱颖而出,那就根本没有什么借口了。后天的努力与先天的禀赋,两者缺一不可,而勤奋则使两者臻于完美。

19. 不管做任何事情,一开始都不要使别人期望过高

人们高度称道的事情,是绝少与人的期望相称的。

现实无论如何都赶不上想象力。想象某事完美无缺是轻而易举的,而真正做到完美无缺却是难上加难。想象和欲望联姻,孕育出的东西比事物的真相更多。不论事物多么完美,总不能满足我们的预期。想象力总是感到上当受骗,出众常常导致失望,而非赞誉。希望是一个大大的作伪者。让良好的判断力成为她的新郎,以便鉴赏力胜过欲望。体面的开端应当激发他人的好奇心,而不是抬高他们的期望,这样,事物就会比我们想象的更好。这一金律不适用于做坏事:邪恶被夸大,其假相反而会得到人们的称赞。人们避之犹恐不及的东西倒像是可以忍受的了。

20. 生当逢时

时势造就的真正出类拔萃者凤毛麟角。不是所有的人都生逢其时,而许多生逢其时的人却往往不能善加利用。有的人只能生在更好的时代,因为善良不都是无往而不胜。万物各有其时,就是某些出类拔萃的人,有的如鱼得水,有的也生不逢时。但是智慧有一个优点:它是永恒的。如果它今生不逢时,未来亦可如鱼得水。

21. 成功之道

好运有道,在聪明人那里,不是一切事情都靠碰运气。运气有努力的襄助。有人信赖地走向幸运女神的大门,坐等好运临头。其他人则更加明智:他们大胆而精明地大步跨进大门。在勇气和美德的双翅的鼓动下,冒险者打探到运气的所在,谄媚她,而有所斩获。但是真正的哲学家只有一种行动的计划:美德与谨慎;因为好运与厄运存乎谨慎与鲁莽之间。

22. 要见多识广

精明的人以优雅的、有品位的见闻广博为武装:不是鄙俗的闲言碎语,而是关于当前事务的实践知识。他们妙语连珠、行为豪爽,而且懂得恰到好处。有时谈笑间提出的忠告,比严肃的教训更加能够为人所接受。交谈中表达出来的智慧,对于有的人而言,比七艺①更加有意义,不论这七艺多么适合于自由人。

① 七艺,中世纪欧洲大学常设学科:语法、修辞、逻辑、算术、几何、音乐和天文。

23. 不足之处,不可留存一样

人生在世,很少没有一些道德上的瑕疵或者性格上的缺点,本来是可以克服的,但他们却任其滋长。其他精明的人哀叹地看到,多少才艺非凡、天分极高的奇才受到瑕疵的威胁:一小片云彩能使太阳暗淡无光。瑕疵乃是名声脸上的斑点,恶意则善于发现它们。需要至高的技巧才能将它们转变成为美人痣。恺撒用月桂掩盖自己的缺点①。

① 据说恺撒是个秃子,用月桂的王冠加以掩饰。

24. 想象力要适可而止

有时你要扯紧想象力的缰绳;有时又要任其自由驰骋。一切幸福皆有赖于想象力:要让健全的理智来驾驭想象力。有时它的行为好像暴君。它不满足于沉思默想,而是转化为行动,接管你的生活,使之愉悦或者丧气,使我们不幸或者过于自满自足。对一些人而言,想象力只是徒增悲哀:因为它只不过是愚人的一个笨手笨脚的仆从。对于其他人而言,它许诺幸福和冒险,狂欢和轻佻。只要它不受谨慎和常识的约束,就会任意胡来。

25. 要懂得领会他人的暗示

懂得如何推理曾是至高的处世之道。现在看来还不够。一个人必须还是一个占卜家,尤其是在你容易受骗上当的事情上。除非懂得领会暗示,你永远不是一个有智慧的人。有的人是人心的占卜家,一眼便可洞悉他人的意图。至关紧要的真理总是只说出一半,只有审慎之人才能充分理解。事情看似可爱,万勿轻信。看似可恨,则要扬鞭策马。

26. 找到每一个人的"把柄",亦即他的软肋

动摇人的意志,其中的技巧胜过动摇人的决心。你必须懂得怎样进入别人的内心。每一个人都有自己特别欣赏之事;因各人品味不同,它们千差万别。人各有崇拜的偶像。有的人想让人尽说他的好话;有的人唯利是图,而大多数人则耽于安逸。诀窍就在于找出那些耸动人心的偶像。就像取得开启他人欲望的钥匙。努力去寻找那个"第一推动力"吧,它并不总是某种崇高、重要的东西。而通常是低级趣味的东西,因为世上不守规矩的人总是多过循规蹈矩者。首先抓住某个人的性格,而后摸到他的软肋。以他特有的乐趣诱惑他,你将打垮他的意志。

27. 精耕细作胜过广种薄收

精耕细作胜过广种薄收,完美不在数量而在质量。上善之事总是小而稀奇;多则生疑。甚至在众人中间,巨人常常是矮个子。有的人看到书籍的尺寸就赞不绝口,好像它们写出来是为了操练他的臂力,而不是增广他的智慧。仅有广泛的学识至多是个庸才,而一个想样样在行的人常常是无一在行。精通一业的人终能出类拔萃——极重要的是声名远播。

28. 凡事不可溺于流俗

凡事不可溺于流俗,在趣味上尤其如此。不炫耀自己而取悦众人的人,该有多么聪明啊!言行谨慎的人不以俗人的叫好为餍足。有的人就是喜欢大众仰慕的自负的蜥蜴①,他们爱闻众人的鼻息胜过阿波罗的温和气息。在知识上也应如此。不要看到许多奇迹就手舞足蹈:它们不过是骗人的鬼话。众人只知道赞美大众的愚蠢,却不在乎逆耳忠言。

① 蜥蜴是虚妄的象征,人们以为它是靠空气生活的。

29. 恪守公义

要坚定不移地和理性站在一道,就是俗人的情欲和专制的暴虐也不能使你动摇。但是我们在什么地方才能找到公义的凤凰呢？极少有人恪守公义。人们赞美它的多,拜访它的少。有的人追随它,一遇到危险就放弃了。一旦身处险境,虚伪的人就声明与它毫无关系,而狡猾的政客则躲避它。当人们宣布与它无关时,它却无所畏惧地把友谊、权力甚至自己的利益委诸一旁,只是恪守公义。聪明的人编织一些精巧的理由,奢谈他们值得称赞的"高尚的动机"和"安全的理由",但是真正诚实的人却认为,说谎意味着背叛,为坚定不移而不是耍小聪明感到骄傲,总是看见他站在真理的一边。如果他特立独行,不是因为他善变,而是其他人已经放弃了真理。

30. 不要沉湎于有失体面的事情

不要沉湎于有失体面的事情,也不要沉湎于任何不切实际的事情,它们只会带来耻辱而不是名誉。奇思怪想花样繁多,精神健全的人当避之唯恐不及。有些人胃口出奇的大,聪明人弃绝的事他们统统抓过来。他们以各种各样的古怪的事情为乐;尽管这使他们名声远扬,但人们嘲笑他们胜过称赞他们。精明的人即使追求智慧,也应当避免弄虚作假,避免出风头,尤其要避免会使他们变得滑稽的事情。无需一一列举这些可笑的追求,只要指出这一点就可以了:众人的嘲笑已经给出了答案。

31. 要结识走运的人,好与之为友;也要识得背运的人,好及时规避

要结识走好运的人,好与之为友;也要识得背运的人,好及时规避。厄运通常因愚蠢而不招自来,被遗弃者最能传染。切勿敞开大门,容忍哪怕一丁点邪恶登堂入室,因为许多其他更大的邪恶潜伏在门外。诀窍在于懂得出牌的办法。赢家手中的牌再少,也比刚下注的输家手中的好牌重要。心中犹疑之际,最好与聪明谨慎者为伍。他们迟早会带来好运。

32. 要让众人知道,你令人愉快

要让众人知道,你令人愉快,尤其是在你治理他们的时候。这有助于使君主赢得众人的拥戴。治人者有一

利:你能行的善事比任何人都多。朋友就是那些行为友善的人。有些人有意不使人愉快,不是因为他做不到,只是脾气坏。在每一件事上,他们都和神圣的交际能力背道而驰。

33. 要懂得何时应当有所不为

人生的一大功课在于懂得如何拒绝,更重要的在于懂得如何拒绝插手自己的以及他人的俗务。某些无关紧要的事乃是时间的蛀虫——为一些琐事操劳,还不如什么都不做。一个审慎的人,不给别人添乱还不够:还不可让别人给自己添乱。不要过分从属于人,免得自己都不属于自己了。不可随意指使你的朋友或者向他们索取,超出他们愿意主动给你的。过犹不及,与人相交,更是如此。以此审慎的温文尔雅之道,你将获得人们的拥戴,保有他们的尊重;更不至于失礼,这一点尤为宝贵。要保持你的自由,以便努力精进,追求至善,永远不要忤逆自己良好的品位。

34. 要了解你的最好的品质

要了解你的最好的品质,以及你的过人的天分。在这方面要精耕细作,并且培养其余。所有的人原本都能够在某些事上出人头地,可惜他们不知道他们在什么事上略胜一筹。要识别你最好的特性,用双倍的力量去使用它。有的人善于判断,有的人富于勇气。大多数人殚心竭虑,却一事无成。他们自己热情盲目,还自命不凡,直到时间指出他们的虚妄,但为时晚矣。

35. 要审时度势

要审时度势,要花最大的气力揣度最紧要的事。愚人不知思量,因而损失惨重。他们的思考甚至从来就是半途而废,他们既不琢磨他们的有利之处,也不琢磨他们受到的伤害,他们不知勤勉为何物。一些人只是回顾既往,斤斤计较于琐屑之事,对重大的事情反而置若罔闻。许多人从来不丧失头脑,所以什么都不丧失。有些事我们应当仔细思考,让它们在我们的心里扎下根来。聪明人知道审时度势:他们钻研那些特别深奥、特别可疑的事物,有时还认为仍然有什么他们没有想到的事物。他们的反思能力走在了一般人的理解力的前面。

36. 要揣度你的运气

要揣度你的运气,以便有所为而不逾矩。这比了解你的性情,你的身体构造要紧得多。人若到了40岁还向希波克拉底①讨教健康常识,或向塞涅卡②求问智慧,乃是愚蠢的。把握运气是一门大学问,或者耐心等待它(因为它有时行色匆匆),或者利用它(因为它有时心慈手软),不过你永远不能完全理解它前后不一致的行为。如果它对你恩宠有加,那就大胆行事,因为它常常喜爱勇敢的人,并且像艳丽的妇人一样喜爱年轻的人。如果你背运的话,就要行无为之事。急流勇退,以求自保,免得两次失败。如果你能驾驭它,就可以大踏步向前迈进了。

① 希波克拉底,公元前5世纪人,希腊医生,公推为欧洲医学之父。

② 塞涅卡(前4—65),罗马政治家,斯多亚主义者,所著哲学作品,文笔华丽。

37. 要懂得什么是含蓄的讥评,还要懂得如何善加利用

要懂得什么是含蓄的讥评,还要懂得如何善加利用,与人交往,这是最微妙的一点。它可以用来检验他人的智慧,

巧妙地窥探他人的内心。有的含蓄的讥评是不怀好意的、漫不经心的、带有嫉妒意味、被愤怒的毒药所玷污：这是一道看不见的闪电，能把你的荣誉和名声统统击倒。有的人就是因为一句有害的讥评话而一蹶不振。那些能够化解毒舌力量的人，面对众人的怨言和由恶毒所构成的全套阴谋毫不畏惧。其他含蓄的讥评——好意的——的效果则不同，它会增进我们的名声。但是当恶意的投枪向我们掷来的时候，我们应当熟练地截住它们：小心拦截，谨慎守候。良好的防卫需要深谋远虑。有备而无后患。

38. 冲突在前的时候要及时抽身而返

冲突在前的时候要及时抽身而返，所有老练的赌徒都是这样做的。漂亮的撤退与出色的进攻同样重要。在你已经赢的够多的时候——甚至所获甚多的时候，就要结账歇业。好运长久，终究可疑。好运逆转，背运来袭，反而更加安全，更会带来苦中有乐的享受。好运不断反倒可能跌到，把一切都砸个稀烂。有时幸运女神会补偿我们，让你时来运转，而非好运不断。背上一直背个人会使她感到疲倦的。

39. 要知道事物何时达到顶点,何时成熟,而且要知道如何利用它们

要知道事物何时达到顶点,何时成熟,而且要知道如何利用它们,大自然的一切作品都可达到至善至美的地步。在此之前,它们获取;在此之后,它们衰退。至于艺术作品,它们绝少不能有所砥砺,有所精进的。有品位的人懂得如何欣赏一切臻于完美的事物。不是每一个人都能够做到,也不是每一个能够做到的人都知其所以然。就是理解力的果子也能够达到成熟。但是你必须懂得这点,而后利用这点。

40. 宽厚以待人

赢得全世界的赞美是一件好事,但是比这更好的,是赢得别人的友爱。这虽然有赖福星高照,但是勤勉刻苦更加重要。始乎前者,继以后者。天资出众远远不够,虽然人们常常以为,人有好名声就能赢得友爱。赢得他人的拥戴有赖于善行。要行各种善事:言语要善良,行为尤甚。爱人,如果你想被爱。慷慨大方常常是显贵们迷惑他人的手段。先是诉诸行为,而后诉诸笔墨。从刀剑到

笔墨,赢得作家的友爱,方能获得永恒。

41. 永远不要言过其实

把话说绝,断非明智。话说过头,有悖真理,使人怀疑你的判断力。言过其实,实属浪费,徒显知识和品位之阙如。赞美唤起好奇之心,而好奇之心产生欲望,好事过誉,常常发生,人的期望就会感到受了欺骗,并施以报复,令被赞美者和赞美者双双贬值。审慎之人有所克制,情愿有所保留而不言过其实。真正出类拔萃的人屈指可数,所以你的评价不可过分。把某事估价过高无异于撒谎。会败坏你在品位——甚至更糟——你在智慧上的名声。

42. 要有经天纬地之气

要有经天纬地之气,这是一种神秘的高贵的力量。它不是产生于使人厌烦的计谋,而是来自天生的经天纬地的本性。每一个人都莫名其妙地屈从这样的人,认可一个天生权威的神秘的力量和活力。这样的人有着君临一切的气象:行仁政的国王、施展天然权力的狮子。他们抓住他人的尊敬、心灵乃至灵魂。若是兼有其他才能,他们便天生成为政治上的第一推动者。他们只要似有似无地摆一个手势,就足以完成比其他人借着滔滔不绝长篇大论所能够完成的事还多。

43. 分享情感的人要少,一起说话的人要多

分享情感的人要少,一起说话的人要多。逆潮流而动不可能发现真理,而且极端危险。只有苏格拉底①才敢以身相试。异议被认为是一种攻击,因为它宣告别人的判断不合时宜。许多人都会觉得受到了冒犯,不论是遭到批评的人,还是受到吹捧的人。真理只属于少数人。谎言与谎言的粗鄙一样横流于世。你根本无法从人们公开的讲话中分辨出谁是聪明人。他们从来不用自己的声音说话,而是开口说同样的傻话,尽管在内心深处他们诅咒这种傻话。明白事理的人既避免遭人反驳,也避免反驳别人。他会机敏地知道应该非难什么,但会迟疑地公开为之。感情是自由自在的;它们不能也不应当受到冒犯。它们隐而不露,只显现给予少数明智的人。

① 苏格拉底,公元前5世纪古希腊哲学家,反对当时政权,在狱中饮鸩而死。

44. 要与高尚的人感同身受

要与高尚的人感同身受,英雄的天赋之一就是能与英雄共处。英雄相惜、趣味相投,乃是大自然的奇迹,因为它极为神秘,因为它极为有益。心有同好、趣味相投,情投意合亦复如是,这在无知小人看来乃是神奇的药剂。这种情投意合有助于我们赢得声誉,亦使他人心有所向,迅速赢得他们的好意。它服人而不假以言词,功成而不假以苦劳。感同身受有积极与消极之分①,两者能在位高职尊之人中间产生奇效。要了解它们、区别对待并善加利用。无论什么努力都无法取代这种神秘的天赐之物。

① 格拉恰此处含义不明,"积极的感同身受"或指可在他人中间引起相似的感情,而消极的则相反。

45. 要利用,但不要滥用隐秘的意图

要利用,但不要滥用隐秘的意图,而首先是不要暴露它们。所有手段,尤其是遭人嫉恨的隐秘的意图,都必须秘而不宣,因为它会令人疑虑重重。欺骗常有,不得不防。但是不要让人知道你已有所警觉,免得失去他们的信任。警觉而为人所知,就会冒犯别人,招来报复,激发

出想象不到的邪恶。三思而行,益莫大焉。此事最费思量。凡事功德圆满,端赖驾驭全局。

46. 要缓解你的厌恶之心

要缓解你的厌恶之心,厌恶某人乃出乎直觉,即使了解到他们的品性端正,仍是欲罢不能。这种鄙俗的、天生的反感,直指那些出类拔萃的人。要时常警惕这种情感:厌恶好人,最失身份。与英雄相处融洽,乃为有识,以反感之心待之,乃为耻辱。

47. 不要投身于冒险事业

不要投身于冒险事业,这是谨慎的主要目标之一。大智者不走极端。从一个极端到另一个极端之间,横亘着漫漫长途,谨慎之人居中而不偏。他们只是经过深思熟虑之后才决定采取行动,因为规避风险总归比战胜风险更加容易。险境迫使我们在危难中作出判断,彻底躲避最为安全。一种险境导致另一种更大的险境,引导我们到达灾难的边缘。但是循着理性的光芒,一个人就能统揽全局,深谙规避风险比战胜风险需要更大的勇气。他明白已经有过一个莽撞的愚人,就应当避免再加上另一个。

48. 既要坦诚相见,也要保持深度

既要坦诚相见,也要保持深度,就像钻石的色泽一样,内部的光泽比外表的艳丽重要两倍。一些人完全徒有其表,就像一幢大厦还没有完工,资金就用完了。他们的门面像宫殿,内里像村舍。这些人不容你入内小憩片刻,不过他们倒常在休憩之中,因为第一声问候过后,交谈就结束了。他们一开始殷勤有加,活跃得像西西里种马,不过立刻就陷入修道士般的缄默。缺乏智慧之泉水灌溉,言词就会干涸。这些人极易愚弄只看事物表面的人,却无法愚弄目光敏锐、一眼就洞悉他们内心空虚的人。

49. 要做一个观察细致、判断准确的人

要做一个观察细致、判断准确的人,驾驭万物而不被万物所驾驭。他潜入最深处,研究他人智慧的结构。只要看上一眼,就能够了解一个人,断定其本质怎样。以常人鲜有的观察力,识破他哪怕最为隐蔽的东西。他观察严谨、思想缜密、推理公正:没有他所不能发现的、所不能

注意的、所不能把握的、所不能理解的。

50. 永远不要丧失自尊

永远不要丧失自尊,也不要放纵自己。要凭你自己的诚实施行公义。你当信赖自己严谨的判断力,胜过信赖所有外在的知觉。要拒绝不合乎礼节的事,不是因为别人的苛责,而是因为敬重你的精明。逐渐敬重自己,就不再需要塞涅卡想象的智慧了①。

① 指看重自己的良心,就无需借助于哲人的著作启发自己,想象的智慧,指塞涅卡的《道德书信集》中的一篇。

51. 要懂得如何选择

要懂得如何选择,生活端赖选择二字。仅凭学识和刻苦是不够的,还要有良好的品位和公正的判断力。没有甄别和选择能力是不完美的。两种资质相得益彰:选择并且选择最好的。许多人知识丰富、头脑敏锐、判断精细,又勤奋努力和见多识广,却在不得不作选择时跌倒。他们总是选择最差的,仿佛他们就是想显示他们选择最差的本事似的。懂得如何选择实在是最佳的天赋之能。

52. 永远不要有失冷静

永远不要有失冷静,谨慎之人从不失控。这能显示一个人的真品格、真性情,因为高贵的本性不会为情绪所动摇。热情奔放是心灵的品性,稍有放纵就削弱我们的判断力。若任其流露,名声就陷于险境。彻底克制自己,则不论身处逆境还是春风得意,都不会有人自寻烦恼而对你评头论足。所有人都会赞扬你的良好品格。

53. 要勤勉兼有天分

要勤勉兼有天分,聪明止步不前,勤勉却能一跃而过。愚人喜爱仓促行事:他们毫不顾忌障碍,行动也不知谨慎。聪明人常因犹豫不决而功败垂成。愚人埋头前行,聪明人步步为营。有些人判断准确,但就是行动迟缓,丢三落四而错误百出。有备无患乃运气之母。今日事今日毕,是为要务。有一条玄虚的座右铭:寓快于慢。

54. 行动要大胆而谨慎

行动要大胆而谨慎,就是兔子也敢捋死狮子的胡子。不能拿勇气开玩笑,就像不能拿爱情开玩笑一样。勇气丧失过一次,就会丧失第二次,乃至第三次。同样的艰难险阻以后还得遇到,不如现在就加以克服。心灵比身体更加大胆。刀剑也是如此:要给它安上谨慎的刀鞘,相机而动。它是你的屏障。软弱的心灵比软弱的身体更加有害无益。许多品质出众者,只是缺乏活力,如同行尸走肉,无精打采。人的天性丰富异常,有蜂蜜的甜美,也有蜜蜂的蛰咬。你的身体里面有神经也有骨头;不要让你的精神彻底疲软。

55. 要懂得如何等待

要懂得如何等待,坚守忍耐是心灵高尚的表现。永远不要急躁,永远不要感情用事。自制而后制人。要在时间的天地里闲庭信步,走向机遇的核心。智慧的踌躇收获的是成功,保守秘密直到真相大白的那一天。时间的拐杖胜过赫尔枯勒斯的钢棒。上帝处罚人,不是用铁手,而是用迟缓的脚步。有句俗话说得好:"时间和我都能接受挑战",幸运之神给那些等待的人报偿更多。

56. 要处事果断

要处事果断,充足的动力来自快乐的精神状态。这种精神状态不会直面紧张,不会遭遇麻烦,只有勃勃的生机和洋溢的热情。有些人思量再三,一事无成,而有的人毫无预见,却事事顺利。有些人就是逆水行舟,艰难险阻反使他们发挥到极致。他们是些鬼才,自然而然地成功,要是有所思考,反而误入歧途。当时没有想到的,再不想起,以后也不会反复思量。行动敏捷赢得赞誉,因为它揭示了出奇的智慧:思考缜密,行动谨慎。

57. 考虑周全的人比较安全

考虑周全的人比较安全,做事善始善终,就是足够聪敏。仓促行事,无异坏事;恒久之事,成之亦久。只有完美无缺才能引人注目;只有成功才能久远。理解深刻,方能获至永恒。大制作需要大手笔。金属也是如此:最珍贵的金属,冶炼时间最长,也比重最大。

58. 要适应你周围的人

要适应你周围的人,不要向每一个人显示同样的智力;不要付出超出所需要的努力。不要白白浪费你的智力或你的长处。好的驯猎鹰师只用他需要的猎鹰。不要成天炫耀自己，免得人们不再感到稀奇。总要保留几分新奇。每天显示一点点就能够一直保持别人的期待，谁也发现不了他的聪明到底有多少。

59. 善终为要

善终为要，如果你经过快乐之门进入幸运女神的房间，那么，你将从悲哀之门出去，反之亦然。所以，要小心事情的结局怎样。关心如何功成身退，胜过关心万众欢呼登堂入室。幸运儿常常开端美好，结局悲惨。关键不是你到来时有人欢呼——因为事属寻常；而是离开时有人怀念。一直有人怀念的人实属凤毛麟角。幸运之神绝少送你出门。她对来者的慷慨和对往者的粗鲁是等量齐观的。

60. 要有健全的判断力

要有健全的判断力，有些人天生谨慎。他们来到世上，带着一个优点——机智，智慧天然的组成部分，他们已经踏上了成功的道路。随着年龄和经验的增长，他们的理性完全成熟，他们的判断力与周围的事物和谐一致。

他们憎恨一切诱惑谨慎之道的奇思怪想，特别有关国家的奇思怪想，因为国家的安全对他们至关重要。这些人堪当国家的一船之长，也适合当舵手或者顾问。

61. 向至善处追求卓越

向至善处追求卓越，在各种圆满中，这是最异乎寻常的。没有一个英雄不具备某些高尚品德。平庸之辈永远不能赢得喝彩。在高尚的事业中追求卓越可以补偿我们日常生活中的平庸，使我们独一无二。在卑下的职业中出彩不值一谈：生活越闲适，荣耀也就越少。在高贵的事物中独占鳌头，使你具有君主般的特征：赢得赞誉、获得他人的善意。

62. 工欲善其事，必先利其器

工欲善其事，必先利其器。有些人想被人称为心灵手巧，就使用蹩脚的工具。这是一种危险的自命不凡，会招来致命的惩罚。一个首相的价值绝不会贬低其君主的伟大。相反，对成功的赞誉总是落在它的第一因上，如同对于失败的批评也是落在其第一因上一样。正是高人一等的人才能赢得声誉。一个人从来不说,"他有一个好的或者坏的大臣,"而说"他是个好的,或者不好的手艺人。"所以要小心选择,考察你的大臣。你是把自己的不朽的名声寄托在他们身上。

63. 要追求卓越,敢为天下先

要追求卓越,敢为天下先,唯有如此,你的出类拔萃便是双倍的。在其他方面势均力敌的前提下,那敢于争第一的人就有自己的优势。有些人本来是可以在他们的事业中鹤立鸡群,如果不是有人走在了他们的前面的话。那些敢为人先的,是名声的长子,以后生的孩子只好用起诉的办法得到每日的面包。不论他们怎样努力,也不能躲避世人指责他们东施效颦。异想天开、办事精明的人总是发明新的办法追求卓越,不过谨慎使他们的冒险安然无恙。聪明的人出奇制胜,在群雄中赢得一席之地。有的人宁为鸡首,不为牛后。

64. 不要顾影自怜

不要顾影自怜,不自寻烦恼,有益而且明智。谨慎将使你在众人中间首先得救:它是好运和满意的卢希娜(Lucina)①。不要给别人带去坏的消息,除非有所补救,但更要当心自己不要收到坏消息。有的人听觉被阿谀逢迎的甜言蜜语所败坏;有的人被刻薄的抱怨所败坏;还有的人一天没有不快的事就不能活下去,就像密特拉底特(Mitridates)不能没有毒药似的。②你也不可一辈子感染了伤心之事,只是为了取悦别人,即使那人与你亲密无间。永远不要开罪你的幸福,只是为了让向你问事而于他无关痛痒的人高兴。给人快乐就意味着使自己痛苦,要记住这一教训:与其自己将来痛苦,毫无希望,不如让别人现在就痛苦。

① 罗马女神,司生子;用作朱诺和狄安娜的姓。
② 本都国王,害怕对手加害,就每天饮一道剂量的毒药。

65. 品位要高

品位如同智慧,可以养成。充分的理解力刺激胃口和欲望,而后就会引起占有欲。你可以根据一个人渴望什么来判断他的天资。只有高尚的事物才能满足高尚的天赋。大口的食物是给大嘴巴吞咽的;高贵的事物只适合高贵的人格。面对有良好品位的人,甚至最优秀的事物也会颤抖,最完美的人也会丧失自信。很少有事物可以得到此最高的境界:好好留着让你提高的鉴赏力。品位可以通过与人交往而得到。要不断地操练形成自己的品位。如果你能够与有相当品位的人往来,实乃三生有幸。但是不要表白你对什么都不满意;这就走了极端,愚蠢透顶,如果此种极端出自造作比出自天然更熟练,那就更加令人作呕。有些人希望基督教的上帝创造另外一个世界、另外一种完美,只是为了满足他们不切实际的想象。

66. 要留心使事物有一个好结果

要留心使事物有一个好结果,有些人只顾把握事物的正确方向,却不顾成功地达到他们的目标。失败的耻辱就压倒了他们的勤勉。一个优胜者是从来没有人要他作什么解释的。人们大多重成败兴衰,不重细节,如果你获得了想要的东西,你的名声就绝不会受到丝毫损害。只要结局称心,粪土变黄金,手段令人不满,又有何妨。如果你必须使事物有着良好结局,不择手段便是一种手段。

67. 要选择一个能使人获得赞誉的职业

要选择一个能使人获得赞誉的职业,大多数事情有赖于他人的满意程度。尊敬献给完人,和风献给鲜花:呼吸和生命不可分解。有些职业可以得到众人的欢呼,而有的虽然重要,却不为人所知。前者万众瞩目,赚得大众的仁爱;后者比较稀有,要求更多的技巧,但是神秘而鲜为人知,高不可攀而无人欢呼。在国王中最受欢迎的是常胜国王,无怪乎阿拉贡诸王受到人们的称赞:他们是英武的征服者和武士。高贵的人应当选择受人欢呼的职业,人人得而见之,可以分有。公众的选举可以使他永垂不朽。

68. 要使他人拥有理解力

要使他人拥有理解力,这比使他们记住你更加要紧,因为理智比记忆更加重要。有时你应当记住别人,到时候你要向他们咨询未来。有的人仅仅因为根本没有想到,本来唾手可得的事情居然功亏一篑。要叫友好的建议给你指点迷津。最重要的天赋就是要迅速抓住关键。若是缺乏这点,许多成功都会失之交臂。要叫有此天赋的人周济别人,要叫缺乏的人寻求它,前者要谨慎,后者要斟酌,稍加暗示,点到为止。个中微妙特别需要,尤其在情况危急做出忠告的时候。只是含蓄已经无济于事,就要表现出良好的品位,直言不讳亦无不可。"否"字当前,若施以巧计,就可得到"是"字。在大多数时间里,许多事情未能成功,只是因为没有尝试而已。

69. 不要屈服于每一种常见的冲动

不要屈服于每一种常见的冲动,伟人并不俯身屈就思想的闪念。谨慎在于自我反思:要明白或预见你的性情,然后走向相反的极端,以便在人为与自然之间取得均衡。自我纠正始于自知之明。世上粗俗无礼的怪人总是为某种古怪念头所左右,他们的情绪也相应变化无常。他们在这种有害无益的偏颇之间颠簸,使自己的事总是处在矛盾之中。这种怪僻不仅败坏了他们的意志,而且袭击他们的判断力,搅乱他们的欲望和理解力。

70. 要知道如何说"不"

要知道如何说"不",你不能答应每一个人的每一件事。说"不"与说"是"同等重要,面对上司尤其如此。关键在于方式方法。有些人说"不"比说"是"所赢得的称赞还多:巧加修饰的"不"比脱口而出的"是"更加让人赏心悦目。许多人嘴上总挂一个"不"字,事事叫人扫兴。他们首先想到的就是"不"。他们也许后来会有所让步,但一开始已经让人不愉快了。拒绝不可如暴风骤雨。要让人把失望一点一点咽下去。切勿一口回绝:免得人们再也不指望你。在被拒绝的苦涩中,总得剩下一些希望的甜头,给人尝尝。要让礼遇占据善行一度占据的空间,好话补偿行为的缺失。"不"与"是",话虽短,却要三思。

71. 勿自相矛盾,不论出于喜怒无常还是矫揉造作

勿自相矛盾,不论出于喜怒无常还是矫揉造作。谨言慎行,一切始终如一,而臻于完满的境界,唯此证明理智健全。只有事出有因或关乎是非曲折才能改变他的行为。在谨慎面前,变化无常就是面目可憎。有的人一天一个样。他们的运气天天不同,他们的意志和理解力也是如此。他们昨天满口答应;今天立刻反悔。他们的言

行与名声不相符合,令人莫名其妙。

72. 要坚定果敢

要坚定果敢,即使执行有误,也比迟疑不决的损害为少。流水不腐,户枢不蠹。有的人总是迟疑不决,需要别人从后面推他一把。他们常常不是茫然无知,他们明察秋毫,而是不够主动。识别困难所在,可谓足智多谋,但是找到解决困难的途径,尤其如此。其他人无论什么都不能使他们陷入困境,而且有判断力和决心。他们天生就是从事高尚事业的人,而他们的明察秋毫的理解力使他们容易马到成功。话一出口,立刻付诸实施,不给自己留下任何回旋余地。他们总是福星高照,信心更大。

73. 要懂得何时趋利避害

要懂得何时趋利避害,这是精明之人走出困境的方法。只要一个漂亮的笑话,他们就能摆脱错综复杂的境地。只要一个微笑,他们就足以化解一切困难。最伟大的上校[①]的勇气就是建立在这上面的。说"不"有一个友好的办法,就是偷换主语,再也没有什么策略,比假装说话的不是你而是其他某个人更加聪明的了。

① 指贡萨罗·德·科尔多巴(Gonzalo de Cordoba),"伟大的上校",军人,以在意大利南部反摩尔人的战争中军功卓著而闻名。

74. 不要与人为敌

最野蛮的动物住在城里。让人不可接近,乃是那些毫无自知、只顾尊容,无视幽默之人的恶习。一开口就叫人生气,绝不会赢得别人尊敬。这样的人让人联想到魔鬼,又野蛮又鲁莽。他那不幸的仆役走近他的身边,就像走近老虎身边一样,手中小心翼翼地拿着一根鞭子。为了获得高位,他们奉承每一个人;已经得到那样的位置,就不惜叫每一个人生气。这类人地位显赫,本应当属于每一个人,但是他们的刻薄和自负使他们不属于任何人。对待他们,有一种不失礼貌的惩罚:完全拒绝他们。把你的智慧放在别人身上。

75. 要选择一个英雄为榜样,不是模仿他,而是和他竞争

要选择一个英雄为榜样,不是模仿他,而是和他竞争。有许多崇高的榜样,许多令人肃然起敬的活生生的

范例。每一个人都要选择自己范围里的头号人物,不是尾随其后,而是要超过他。亚历山大在阿基里斯的墓前哭泣,不是为他,而是为自己,因为他不能像阿基里斯那样,生来就声名远播①。再没有比别人的名声更能激活一个人的灵魂中的勃勃野心了。它足以驱走嫉妒,激励人的高尚行为。

① 据希腊古典作家布鲁塔克说,亚历山大在阿基里斯墓前哭泣,是因为荷马使后者成为不朽。

76. 不要到处开玩笑

不要到处开玩笑,谨言慎行在于严肃,它比聪明更能赢得尊敬。到处开玩笑的人,就令人可笑地难以尽善尽美。我们待他就像一个骗子,根本不会相信他。我们一是害怕受骗上当,二是害怕成为笑料。人们根本不知道,开玩笑的人什么时候当真,什么时候不当真。再没有比停不下的幽默更糟糕的幽默了。有的人因为聪明而获得名声,却失去聪明。有时需要愉快的言辞,但是其余的时间则保持严肃。

77. 要迎合每一个人

要迎合每一个人,做一个谨慎的普罗修斯(Proteus)①。与学识渊博的人交往,自己也要学识渊博,与圣人交往,自己也要成为圣人。这是赢得别人善意的极好的办法,因为物以类聚。要观察人的脾性,而相应地使自己迎合之。不论你是一个严肃的人还是一个乐天派,都要跟随潮流,渐渐地改变自己。这对那些有赖于人的人特别要紧。这是谨慎生活的大策略,需要非凡的能力。对于一个知书达理、品位多样的人,做到这点是不大困难的。

① 希腊海神,善变换面貌。

78. 要善于摸着石头过河

愚人总是匆忙行事,因为所有的愚人都是鲁莽的。他们头脑非常简单,预见不到危险,也不在乎名声。但是审慎的人则行事小心。前有警惕和洞察力,四处张望,以便安然前进。谨慎宣判草率行动的失败,虽然幸运有时宣布赦免。害怕坠入深渊,就要放慢脚步。让机灵探寻前路,让谨慎引你踩在坚实的地面。如今的世道,与人交往总有陷阱,最好一边前行,一边探路。

79. 为人要开朗

为人要开朗,性格开朗而持重,乃为天赋,而非缺陷。少有睿智令人赏心悦目。伟人以风度和气质赢得普遍的爱戴。但是他们对于谨慎还是尊敬有加,也从不疏于礼节。其他人把诙谐用作摆脱困难的捷径。有的事应当一笑了之,即使其他人极其当真。这便显出相当令人愉悦的一面,会在他人的心中发生奇妙的作用。

80. 了解事物的时候要谨慎

了解事物的时候要谨慎,人生的大部分时间都在采集信息。凡事亲眼所见者非常之少,要懂得信靠别人。耳朵是真理的后门,谎言的前门。大凡真理,看到的胜过听到的。真理到了我们这里鲜有不掺假的,尤其是远道而来的真理,更是如此。它总是一路上掺杂着各种主观的情绪。情绪所及,沾染一切,而有好恶之分。它总是这样或者那样地影响我们。人若褒扬,要当心;人若批评,则更要当心。要及时发现他有什么图谋,走向哪边,去往哪里。要辨别虚假和伪装。

81. 你的卓越之处要推陈出新

你的卓越之处要推陈出新,这是凤凰的本色。过人之处总会老去,名誉也是如此。习以为常使我们的骄人之处日渐减损,平庸的新奇也足以征服往日最引人注目的卓越。所以,勇气、知识、运气,以及其他的一切,都要时常更新。要勇于焕发你卓越的才华,像太阳那样天天升起,只是让四周焕然一新。克制才华,使人们遗忘;焕发才华,使人们喝彩。

82. 无至恶亦无至善

无至恶亦无至善,有位圣人将一切的智慧归结为中庸之道。真理走远了就成谬误。橘子榨干了就剩苦涩。甚至沉闷也别逆反。才智挤压过头也会枯竭,像一个暴君那样挤奶,挤出来的只会是鲜血。

83. 要允许自己有轻微的过失

要允许自己有轻微的过失,有时疏忽大意的行为正是别人认识你天才的最佳途径。嫉妒之心总是拒人千里:人越文明,罪恶越大。它在完美中专挑罪过,指责完满。它变身为一条"阿耳戈"号船①,在完美事物中寻找错误,只是为了安慰自己。就像闪电一样,苛责总是打击最高的东西。所以让荷马也打几次盹,假装你的才智和勇气——但不是你的谨慎——犯了粗枝大叶的过错。唯其如此,恶意才会销声匿迹,不至于散发毒气。这就好比在嫉妒的公牛面前摆动红布头,以便逃生。

① 希腊神话中伊阿宋乘坐"阿耳戈"号船去海外寻找金羊毛。

84. 要懂得如何利用你的敌人

要懂得如何利用你的敌人。不要去抓刀刃,免得伤害你自己,但要抓住刀柄,以便保护自己。这也适用于竞争。聪明的人在敌人身上找到的,比愚人在朋友身上找到的有用之处更多。善意畏惧的困难的山峦,恶意常能夷平。许多人因他们的敌人而显得伟大。奉承比憎恨更加狠毒,因为憎恨能够纠正阿谀所掩盖的缺点。精明的人以他人的恶言为一面镜子,帮助自己减少或者改正缺点。当一个人进入对手的国界就会变得异常小心。

85. 不要做百搭

不要做百搭,出类拔萃的事物容易被滥用。当人人觊觎某物时,就容易因它而烦恼。对谁也没用的东西,是一件坏东西;但是对谁都有用的东西,则是一件更加坏的东西。有人失败,因为他们常胜,人们便对其嗤之以鼻,有如当初求之不得。在每一种完美的事物中都可以找到这种百搭。他们失去了往日因独一无二所赢得的名声,就像一个普通人一样遭人奚落。避免走极端,就是在表现自己天赋时不要超出中庸之道。追求完美,不遗余力,但是表现完美,不可过头。火炬越亮,消耗越快,持续越短。要赢得真正的荣耀,就要不露声色。

86. 平息谣言

群众是一个多头妖怪:有许多眼睛,用意险恶;又有许多舌头,用以诽谤。有时谣言四起,令最好的名声凋零,如果像一个外号而挥之不去,就会使你名誉扫地。众人总是抓住某种明显的弱点,或者某种不同一般的瑕疵:这些都是用以传播谣言的合适素材。有时,正是我们嫉妒的对手故意制造出这些瑕疵。有些人的嘴巴卑鄙可耻,用一个笑话而不是一个厚颜无耻的谎言,立刻败坏了人家的好名声。安上一个恶名非常容易,因为邪恶相信容易洗刷难。精明者要彻底规避,留意不怀好意的侮辱性言行;因为一盎司的预防费值一磅的治疗费。

87. 要有修养,文质彬彬

要有修养,文质彬彬。人天生野蛮,修养使他高于野兽。修养使我们转化为真正的人:人越有修养,人格越高尚。希腊人对此深信不疑,所以称宇宙其他地方为"野蛮世界"。无知是粗鲁和野蛮的。再也没有比知识更加使人有修养。但是,如果缺乏礼数,智慧本身也是粗鲁的。不仅理解力必须精益求精,而且我们的愿望,尤其是我们的谈吐也要精益求精。有些人不论内在的涵养还是外在的禀赋都表现出一种天然成趣的雅致,不论他们的观念还是言辞,他们身上的服饰(好比树皮)还是精神上的天赋(好比果子)都是如此。其他人则粗俗不堪,以至于他们令人难以忍受的野蛮的邋遢,玷污了一切事物,甚至是他们美好的品质。

88. 要以庄重的方式对待他人

要以庄重的方式对待他人,要渴求高雅。高尚而不拘小节。与别人交谈,话不投机,就不必深入细节。要注意事物,但要显得漫不经心;切不可把交谈变成刨根问底的审讯。做事要把握豪爽、高贵的原则,不失豪侠气概。无为而治,在于装出满不在乎的样子。要学会忽视亲朋好友,特别是你的敌人中间发生的大多数事情。过分拘于小节令人恼怒,如果成为你的天性,你就是个无聊的人。让周围不愉快的事情传扬开来实在是一种疯狂。记住,人们通常本质如何,行为也如何:按照他们心灵和能力行事。

89. 要认识你自己

要认识你自己:你的性格、智力、判断力和情绪。不理解自己,就不能驾驭自己。镜子可以照脸,而可以照到你灵魂的,唯有智慧的自我反思能力。若不再关注外表,那就开始纠正和改善你的内在形象吧。为了待人接物不失智慧,就要厘定你的审慎和聪颖的程度。判断你如何自如应付一个挑战。蠡测你的深度,挖掘你的资源。

90. 长生久视之道:一切好自为之

长生久视之道:一切好自为之。有两样事使生命夭折：愚蠢和自甘堕落。有些人失去生命是因为不知道如何拯救生命；其他人则是不想拯救它。善有善报，恶有恶报。一个人一辈子作恶多端，结果必定双倍的短命。一个人一辈子行善积德必得永生。心灵的力量与身体的力量可以相互交流。善的生灵身心皆可以久长。

91. 除非你认为谨慎有余，否则切勿行事

除非你认为谨慎有余，否则切勿行事。人若做事，犹疑不定，则必败无疑，这在旁观者可谓洞若观火，尤其当他还是一个竞争者时。如果你的判断力在情感的热力燃尽，冷静之后就会被人当成傻瓜。当你着手做一件事的时候，还在怀疑是否明智，这是极其危险的。时机未到，谨慎的人拒绝成交；只有在理性充满，如日中天，方才迈步。一件事还在酝酿之中，谨慎之心就在指责它，这件事如何能有好结果呢？甚至决心已定，且无一人非议尚且结果悲惨；对那些理性怀疑、判断仓促的事我们还能指望什么呢？

92. 在任何情形下都要超越智慧

在任何情形下都要超越智慧，此乃行事与说话的第

一也是最高金律,愈是躬行不悖,地位愈高、身份愈显贵。一盎司谨慎值一磅聪明。办事稳妥,胜过招引粗俗的喝彩。以谨慎闻名乃是至高无上的声誉。唯令谨慎之人满意,足矣,因为他的首肯乃是成功的试金石。

93. 做一个多才多艺的人

做一个多才多艺的人,在每一件事上都完美无缺,这人就等于许多人。他使生活始终愉快,并能与朋友分享这种愉快。丰富多彩与尽善尽美都能使生活愉悦。懂得欣赏一切美好的事物是一门大艺术。既然天道使人成为整个自然界的缩影,那就让人道来培养他的品位和智力,使他成为整个宇宙。

94. 要让天赋深不可测

要让天赋深不可测。审慎的人,如果想获得别人的尊敬,就要使他们无从判断他到底具备多少知识和勇气。要让人认得你,但不要让人了解你。谁也不能辨别你天才的范围,唯此谁也不会为你而感到失望。你尽可以叫人揣度你的智慧的程度,甚至使他们心怀疑虑,以此赢得众人的称赞,而不是炫耀它,哪怕你的天分再高。

95. 要让人长存期望

要让人长存期望,要不断滋养人们的期望。要让期望生出更多的期望,让大手笔唤起人们期望更大的手笔。不要第一把骰子丢出来,就让人洞彻你的所有。玩花样就是要掩饰你的知识和能力,而后向成功一点一点迈进。

96. 要有健全的常识

要有健全的常识,常识乃是理性的冠冕、审慎的基础,借助于它的光明易于获得成功。它是天赐的才能,独一无二、至高无上,所以备受赞赏。机智是我们必不可少的甲胄,失去一片,就足以使我们一无所有。哪怕馈赠给人一点点也是巨大损失。人生的所有行为受其影响,而一切都要得到它的首肯,因为一切都依靠智力。它天然倾向于一切与理性相符合的东西,倾向于一切最健全的东西。

97. 要获取名声并且要长久保存

要获取名声并且要长久保存,我们应当从各处赢得好名声。它是昂贵的,因为它诞生于卓越,而卓越不常有,如同普通人之为普通一样。名声一旦获得,保有并非难事。名声化作尊敬后,因其高贵的源头和影响而顿生威严。实实在在的名声总是长久不衰。

98. 用密码写下你的意图

用密码写下你的意图,欲望是通往灵性之门。最实用的知识在于如何掩饰自己。那些亮出底牌的人总有失败的危险。审慎和保留应当防止引起他人的注意。当你的对手像山猫一样窥探你的情由,你就要像吐墨汁的乌贼一样遮掩你的想法。不要叫人发现你的倾向性,谁也无法预测,不管他们要和你作对还是要谄媚于你。

99. 真实与表象

人们只看事物的外表而不顾及内里。追本寻源者少,满足表象者多。如果你的脸看似邪恶而狰狞,就明白只重外表是远远不够的。

100. 摆脱谎言与假象

摆脱谎言与假象,才是一个有美德而且聪明的人,一个谦恭的哲人。但是不要只是外表如此,或者炫耀你的长处。哲学已无人尊重,但仍是智者追求的主要目标。寻求审慎之道的科学已无人仰慕。塞涅卡在罗马讲授这门科学,它一度曾地位高贵。而今却被认为毫无用处,单调乏味。但是摆脱谎言终归是审慎的食粮,也是公义所乐于见到的。

101. 世界的这一半在嘲笑另一半,愚人到处都是,统治一切

世界的这一半在嘲笑另一半,愚人到处都是,统治一切。凡事非善即恶,端赖你如何看它。同样一件东西,这个人趋之若鹜;另一个人则退避三舍。用一己之见衡量一切事物的人,实在愚不可及。完美无缺并非意味着只是取悦于某个人:趣味各不相同,如同千人千面。就是瑕疵也会有人珍视,不必因为一件事令某一些人不悦而贬低自己的思想:总有喜欢它的人,自然,他们的喝彩也会遭人指责。真正令人满意的标准,乃是得到那些有声望

之人的首肯，他们知道如何判断事物的等级。人活着不要盲从他人的意见、他人的习惯、他人的世界。

102. 好运来临，照单全收

好运来临，照单全收，审慎之人当有粗大的咽喉。智慧大，胃口也大。如果你撞上大运，就不要只顾笑纳自己的好运。一个人餍足的正是别人所渴望的。有的人浪费美食，因为他们没有享受美食的肠胃：天生不适合、不习惯高尚的职业。他们与别人的关系变得乖戾，对于体面的错觉迷糊了头脑，终于失去体面。他们身居高位，头晕目眩、魂不守舍，因为他们已无运气立足之处。伟人应当表现出他们还有接纳更好事物的余地，谨慎地拒绝一切可能使他们显得心胸狭隘的事情。

103. 每个人都有适合自己的尊严

每个人都有适合自己的尊严。并非人人都是国王，但是你的行为在你所处的阶层和环境里要像一个国王。凡事要像国王一样，行为庄重、心灵高尚。一个人即使不是真国王，也要像国王那样热爱荣誉，因为真正的君权在于正直。既然你自己能够成为高尚的典范,就不应该嫉妒高尚。尤其是那些国王的近臣应当具备某种真正的优越感。他们应当拥有崇高的而非浮夸的道德品质;应当追求崇高的、实在的事物,而不是无价值的虚荣。

104. 对于每一项工作的要求都要了如指掌

对于每一项工作的要求都要了如指掌,三百六十行,行行有差别,需要相当的知识和辨别能力去了解其中的不同。有的工作需要勇气;而有的工作则需要细心。最容易的工作是那些依赖诚实的工作;最困难的工作则是那些需要技能的工作。前者仅需要天然的才能;后者则需要各种注意力和警觉。治人的劳作甚巨,治愚人及疯人尤甚。最难以忍受的工作是全身心投入、从早到晚、重复操作的工作。相形之下,那些我们不觉厌烦,怎么干都行,却又不乏重要性、常能挑起我们口味的工作就好得多了。受人尊敬的工作是那些最依赖人的或者最具独立性的工作。最糟糕的工作是目前让我们吃苦流汗,将来还让我们(甚至更加)吃苦流汗的事。

105. 不做一个令人厌烦的人

不做一个令人厌烦的人,不要只是老生常谈,也不要只着迷于某一样东西。简单明了令人快乐、讨人欢喜,可以使事情善始善终。失诸粗率无礼,得诸礼貌谦恭。好事,只要简单,便会成双。坏事,只要明了,也未必坏到哪里。精华胜过杂烩。谁都知道,个子高很少聪明,但是个子高总比话多要好。有些人就是善于搅乱世界而不是给世界添彩:除非所有的人都把鸡零狗碎的事放在一边。考虑周全的人应当避免让别人、尤其是那些忙碌的贵人们觉得讨厌。使他们烦躁,比使世界的其余人烦躁更糟。言简意赅就是能说会道。

106. 好运不可张扬

好运不可张扬,身居高位而骄傲过度,比炫耀自己更冒犯人。不要装扮成一个"大人物"——这令人作呕,也不要因为遭人嫉妒而骄傲。越是刻意追求别人的尊敬,得到的尊敬就越少。尊敬乃是发自内心的敬重。它不是随意可以攫取到手的,你必须与之相配,必须耐心等待。身居要职需要相当庄重和正派,以尽其责。不可强迫别人尊敬你,而要悉心培养。那些想使人看上去投身工作的人,给人的印象反而是他们并不胜任自己的工作。如果你想成功,要利用你的天赋,而不是你的外表。就是国王也应当以他的人格,而不是以他的华丽排场得到更多尊敬。

107. 不要摆出自满自足的样子

生活中不要对自己处处感到不满,这是怯懦的表现;也不要处处自满自得,这是愚蠢的表现。自鸣得意常常是因为无知,它将导致愚蠢的快乐感;自我感觉太好,却会败坏你的名声。它使你不能看到别人的长处,而以自己的粗俗平庸为满足。谨慎总是有用的,有助于使万事有一个好的结果,即便结果不好,也有所安慰。如果你对挫折有所预见,挫折来临就会处变不惊。智者千虑,必有一失,亚历山大也因他的地位以及在他周围生活之人的诓骗而跌倒。事情依环境而改变。有时它们无往而不胜;有时则一败涂地。当然,对于一个没有指望的傻瓜而言,他会永远满足于自己的最虚妄的结果。

108. 成为正直之人的一条捷径

成为正直之人的一条捷径：把合适的人安排在自己身边。你组成的团队能够创造奇迹。习惯、趣味甚至才智都会在不知不觉之中得到传递。令思维敏捷的人和犹豫不决的人等，不同气质的人相处。以此得到一种完全的和谐，这是你不用刻意追求就能得到的中庸之道。使自己适应环境大有技巧。对立面的转化产生宇宙之美，并维系着这个宇宙，在人类习惯之间产生的和谐，胜过在自然中产生的和谐。在挑选朋友和仆役的时候，要以这条忠告为准绳。各种极端之间的相互交流将形成持重的、至尊的中庸之道。

109. 不申斥人

有的人脾气火暴，眼中都是罪孽，这不是出于情绪而是源于性格。他们指责所有人，不是为了他们所做的，就是为了他们将要做的。这是一种比冷酷无情还糟糕的气质，真是非常可恶。他们不知节制地批评别人，为自己眼中清净，把尘埃夸大为梁木。他们把天堂化作牢狱的监工。他们为情绪所左右，把一切都推至极端。而天性善良的人则能够宽宥一切。他们坚信别人都是好心,无意间才办了坏事。

110. 不要等到成为落山的太阳

不要等到成为落山的太阳,这条谚语说的是深谋远虑的人应当及时抛弃事物而不被事物所抛弃。要把你的结局变成一场胜利。太阳落山的时候,常常躲在一片云的后面,谁也看不见它的坠落,让我们猜不透它是否已经落山。要避免夕阳西下,以免灾祸接踵而至。不要坐等众人对你冷眼相待:他们会把你活埋,名声扫地。深谋远虑的人知道什么时候该让一匹赛马退役,不让它在比赛途中垮掉,招人耻笑。美女及时敲碎镜子,而不是等到她不忍看到真相时再动手。

111. 要有朋友

要有朋友,朋友是第二人生。在朋友眼里,所有的朋友都是善良而智慧的。你有朋友的时候,一切都称心如意。别人心中所想的和嘴上所说的与你本人完全一致,不会口是心非。再没有比朋友之间相互扶持更有吸引力,赢得朋友的最好的办法就是行动一致。信赖他人就要信赖最好的。人生在世，不是和朋友在一起，就是和敌人在一起。每天交一个朋友，即使不是至交，也是同道。谨慎择友，总能得到可以信赖的人。

112. 赢得他人的友善

赢得他人的友善，在最重要的事情上，即使第一因和最高因①，也是这样行事的。真情可换取名声。有的人信任天赋而轻视勤勉。但是审慎之人深知，得到众人爱戴，勤勉的美德不难得到。为人厚道，可以化难为易，弥补各种不足：勇气、诚实、智慧，甚至判断力。仁义从来看不见丑恶，因为它不想看见。仁义诞生于相似的气质、种族、家庭、国家或职业。在精神领域，仁义增进才智、体恤、名声以及德性。一旦赢得他人的友善——此事并不容易——保持下来就容易了。你要努力去赢得它，但是也要知道如何善加利用。

① 指上帝。

113. 未雨绸缪，居安思危

未雨绸缪，居安思危。炎夏为寒冬作准备的人，是为智者，也容易做到。喜爱易得，交情深厚。未雨仍需绸缪;灾难降临,代价沉重,百事皆哀。要守住一批朋友和知恩报德的人;总有一天,你会珍惜现在看来毫不足惜的东西。恶徒得势之际,没有朋友,因他拒人于千里之外。灾难临头之际,结局大不相同。

114. 不与人争

不与人争,与对手相争,有损于名声。你的竞争对手立刻会找你的差错,令你名誉扫地。挑起争斗,鲜有公平。争斗发现的瑕疵,正是善意所忽视的。许多人未有竞争对手以前,曾经拥过好的名声。双方相争,如火如荼,唤醒沉寂的恶名,挖出陈年的腐臭。竞争始于揭人之短,相互之间不择手段,利用不该利用的一切。他们常常既冒犯了对方,自己又一无所得,只是在复仇的心理上得到些许无谓的满足。报复心卷起一阵尘埃,把人们遗忘的短处都揭了出来。善意以平和为本。体面以宽容为本。

115. 习惯你的朋友、你的家人和熟人的不足之处

习惯你的朋友、你的家人和熟人的不足之处,就像面对长相丑陋的人一样。人与人之间相互依赖,与人方便,

自己方便。天下总有一些生性恶俗之人，我们不愿意却又不得不和他们生活在一起。要习惯他们还非要有一手不可，就像习惯那些长相丑陋的人一样，免得他们在紧要关头做出让我们吃惊的事来。起初他们令我们恐惧不已，渐渐地看上去不那么可怕了，谨慎的人预见或者宽容他们令人不快的地方。

116. 常与坚持原则的人交往

常与坚持原则的人交往，要喜欢他们，并且赢得他们的喜欢。正是他们的这一美德，可以确保他们即使反对你，也会公平地待你，因为他们始终以本来面目为人处世，向善人宣战胜过征服恶人。恶徒无法相处，因为他觉得没有什么行为端正的责任。因此，在恶徒中间没有真正的友谊可言，他们的好话也不足以为信，因为这些好话并非出自好心。要回避心地不善之人，因为，如果他不尊重诚实，便不会尊重美德。而诚实乃是美德之冠。

117. 不要谈论自己

不要谈论自己，谈论自己，不是为了虚荣而自吹自摞,就是卑躬屈节地自我批评。那会显得你缺乏判断力,令人讨厌。如果说在朋友中间不谈论自己非常必要,那么,职高位尊时更应如此,在那种场合下,一个人会经常在大庭广众之下发表演讲,任何自负的表现都会被视为愚蠢。审慎之人从不当面议论别人,否则会遭遇被人视为阿谀奉承或者出言不逊的风险。

118. 以礼貌而闻名

以礼貌而闻名:礼貌本身就值得称道。是涵养中的精华,是一种赢得所有人善意的个人魅力。粗鲁只会招致众人的蔑视和恼怒。粗鲁之举出自傲慢,堪称可恶;出自不良的教养,则为可鄙。礼多人不怪,胜过礼数不周,以同样的礼貌对待一切人,也会导致不公平。对待敌人,以礼待之,你会看到,这是多么有益。所费不多,收益可观;诚实待人者必被人待之以诚实。温文尔雅、诚实有信的好处是:我们施之于人,自己却什么也没有失去。

119. 不要讨人嫌

反感无需招惹,不请自来。有许多人就爱恨人,没什么特别的理由,不知道何以如此,为什么如此。恶意快过好心。复仇的欲望远比有形之物更快、更真实地伤害你。有的人就想被所有的人讨厌,或是因为他们想使人烦恼,或是因为他们感到烦恼。一旦怨恨攫住了他们,就像坏名声一样难以驱除。这些人害怕行事公义的人,藐视恶言恶语的人,瞧不起倨傲自大的人,憎恶小丑,但他们会放过特别优秀的人。如果你想受人尊敬,就要尊敬别人;如果你想获得成功的报答,就要对他人报之以关心。

120. 生活当以务实为本

生活当以务实为本,就是你所掌握的知识也应当平常和实用,即便学识出众,也要装作一无所知。思维方式和品味都是变动不居。思考勿像古人;品味要像今人。悠悠万事,唯此为大。数数人头就明白了。当你必须这样做时,追随大众的品位,取得出类拔萃的结果。聪明人应当适应当前,即使过去的心灵和身体的外表似乎更具吸引力。这一人生的律条适用于一切事物,只有行善除外,因为人总要实践美德。许多事情看似过时,如讲真话、守诺言。好人看上去属于过去的好时光,不过他们终归招人喜爱。他们即使存在,也是凤毛麟角,亦无人效法。美德少有,恶行遍满,这样的时代何其悲哀!尽管不尽如人意,审慎之人仍须好自为之。但愿幸运光顾他们,而不是抛弃他们!

121. 不要无事空忙

有些人什么都不在乎,有些人却在乎一切。他们总是高谈阔论,对待一切严肃有余,不是引人纷争,就是神神道道。其实,烦心之事有多少真正值得烦心呢?本该抛到脑后的事情,记挂在心头,真是愚蠢。小事本可化了,无事却能生非。防患于未然,免得日后不可收拾。有时吃药反倒生病。人生第一金律就是无为而治、顺其自然。

122. 一言一行要有节制

一言一行要有节制,它将使你路路通达,迅速获得尊敬。它能影响一切事物:交谈、演讲,甚至走路、观看和表达需要。它是制伏人心的法宝。这种权威不是来自愚蠢的鲁莽行为,也不是来自使人着急的慢吞吞的庄重,它是一种靠美德支撑的高尚人格。

123. 不装酷

人越聪明,就越不装酷。装酷真是一种俗不可耐的缺点,就像沉重的负担令人讨厌。它使人忧虑而死,因为装模作样不啻为一种折磨。由于装酷,甚至伟大的天才也变得一钱不值,因为人们将其天才归诸努力和修为而非大自然的恩典,而自然而非人为总是比较令人愉快。装酷者在其效颦的天才眼里,形同陌路。你越擅长某事,就越要掩饰你的努力,以便完美的结局好似自然天成。你也不必为了避免装酷,而假装不装酷。审慎之人不可承认自己的长处。对这些长处应当表现得熟视无睹的样子,以便吸引别人的眼球。不在意自己长处的出类拔萃之人,乃是双重的出类拔萃。他以特有的方式获得众人喝彩。

124. 使自己成为众人所需要的人

很少人能够博得众人的喜爱;如果赢得智者的喜爱,便是好运临头了。对待同行中的落伍者,人们总是不冷不热。人见人爱,赢得这一重大奖赏的途径有许多条。你可以在职业上智慧上出类拔萃。以优雅的方式待人接物也行之有效。把自己的过人之处转化为他人对你的依赖,人们就会说事业需要你而不是相反。有些人荣耀职位,有些人为职位所荣耀。让接替你职位的鼠辈取得成就并非你的荣耀。他人遭人憎恶,并不意味着你真正为众人所需要。

125. 不要给别人的过失罗列黑名单

关注他人的坏名声,自己的名声也会败坏。有些人不是喜欢用他人的污点来掩饰或消弭自己的污点,就是喜欢以己之心去安慰别人,这是一种愚蠢至极的安慰。他们一张口便臭气熏天,他们是藏污纳垢之所。在这件事上,谁陷得越深,谁就弄得越脏。极少有人不犯错,或是因先天遗传,或因人际关系。除非你不为人所知,你的错误才不被人知晓。审慎之人不记别人过失,也不使自己成为一份讨厌的黑名单。

126. 愚人并不在于做蠢事,而是做了蠢事却不知道如何掩饰

愚人并不在于做蠢事,而是做了蠢事却不知何

掩饰。深藏你的情感,更要深藏你的不足。人人都会犯错,但有一点不同:聪明人遮掩他们的错误,愚笨人张扬他们的过失。声望来自善行,更来自藏拙。如果不能守节,那就小心行事。白璧微瑕如同日食、月食,让人一目了然。只要有可能,不可向朋友甚至你自己吐露你的不足。另外一条处世金律也在此适用:要懂得如何遗忘。

127. 在一切事上都要悠游自在、心存感恩

在一切事物上都要悠游自在,心存感恩。生命得之,便有了睿智;气息得之,便有了言语;灵魂得之,便有了善行,实在是至高的禀赋。其他的圆满德性只是自然的点缀,而心存感恩则点缀了圆满德性本身,它甚至令思维更精妙。它是发自天然的本性,无需刻意追求,比一切为人之道的箴言都略胜一筹。它甚至比善跑的人跑得还快,还能超过飞毛腿。它增加人的自信,而臻于圆满的境地。无此,一切的美貌都形同行尸走肉,一切的荣耀都是耻辱,它超越了美好的品德、敏锐的判断力、精明和尊严。它是搞定一切事物的捷径,是免遭困境的好手段。

128. 务必品德高尚

务必品德高尚,这是英雄主义必备的基本要素,因为与它相伴随的有各种崇高的行为。它改善我们的趣味,净化我们的心灵,提升我们的思想,抬高我们的身份,使高贵的行为畅行无阻。不论在何处,它都是卓然而立,与众不同。有时幸运也会嫉妒它,否定它,但它依然脱颖而出。行为高尚、慷慨大度以及其他杰出品质均源出于此。

129. 永远不要怨天尤人

永远不要怨天尤人,怨言终将使你丧失信誉。它们不是同情也不是安慰,只是激发他人的愤怒和无礼,还会怂恿那些听到怨言的人如同我们所抱怨的人那样行动。一旦向人透露,那横加在我们身上的侮辱,在别人看来就是可以原谅的,我们却难以忍受。有些人抱怨曾经遭受的污辱,得到的却是将来的污辱。他们原想得到帮助和安慰,听者却只是感到满足甚至蔑视。比较好的策略是,称道别人对你的好处,以便得到他们更多好处。当你诉说别人如何对你不好,你是在要求他们继续做同样的事,给你同样的报答。深谋远虑的人从不公开受到的耻辱或无礼待遇,只是公开别人对他的尊敬。于是他们有朋友,敌人也少了一半。

130. 成于内,形于外

成于内,形于外。人们观察事物,不仅看其实质,也看外表。胜人一筹,且懂得如何表现出这一点,堪称加倍的出众。隐而未见,无异于未曾有过。理性本身在尚未具备合理的外表之前得不到尊重。容易受骗上当的人总多过审慎之人。骗子大行其道,人们只依据事物的外表作出判断,而外表与实质往往有所不同。优雅的外表是内在完美的最好的包装。

131. 豪爽之气

灵魂有其精美的服饰:锐意进取和无所畏惧可为心灵增光添彩。不是每一个人都具豪爽之气,因为它需要宽宏大量。它首先关注的是常说敌手的好话,而在行动上则要超过他们。有机会为自己雪耻,是它最见光彩的一幕。它不拒绝这些情况的出现,而是要利用它们,把可能出现的血腥报复的行为,转化为出人意料的宽宏大量的行为。这也是最佳的治人之道,是政治之妙道。它从不炫耀政绩,佯作不知,即使政绩显赫,它也知道如何掩饰而不夸张。

132. 三思而行

安全在于凡事三思而后行,尤其是在你还不十分自信的时候。全身而退或改善境遇,要费一些周折,找到证实和巩固自己观点的新方式。如果事关付出,考虑周全比出手太快为高。凡是企盼良久的,往往就受人喜欢。如果事关拒绝,就要更加注意你的表达方式,要使你的"不"字稍微成熟,免得它太过于苦涩。在大多数情况下,欲望的热度总会降温,也比较容易接受拒绝。一个人索求愈急,则要使他得到愈缓。这是保持他的兴趣不减的一种办法。

133. 宁可众人面前癫狂,不可独自精神健全

宁可众人面前癫狂,不可独自精神健全,政客如是说。如果众人疯癫,你便同他们一样。只顾唯我独清,反被认作疯癫。紧随潮流最为紧要。至知有时就是无知,

或装作无知。我们必须和他人一同生活,而多数人是无知之徒。倘若全靠自己,你必须是极其虔诚的人或绝对野蛮的人。但是我要将这条格言改成:宁可与人同醒,不可独自疯癫。有些人就是想独自一人追求幻想。

134. 生活必需品要有双倍的保证

生活必需品要有双倍的保证,你要使生活有双倍的收入。不要在一棵树上吊死,也不要在一个财源上吃一辈子,不管那份差使多么难得、多么诱人。凡事要得双份的保险,尤其是利益、恩宠和趣味之类。月有阴晴圆缺,世事无常,人心尤甚。要为这份脆弱作充分的储备。幸福和财富之源都要有双重的保障,此为生活的一大法则,自然赋予我们的最重要、最暴露的器官都是成双成对的,同样,我们赖以生活的东西也要有双份。

135. 不要刻意拧着干

不要刻意拧着干,否则你将背上愚蠢和烦恼的重负。精明之人应当加以提防。到处找茬固然可算是一种聪明,但是冥顽不化者毕竟是一个蠢人。有的人常把美妙的谈话变为一场争论。与他们的朋友和亲人作对,比对陌路人还要过分。事情越是美好,脑后的反骨就越是坚硬,刻意拧着干,常败坏美妙时光。他们是有害无益的蠢人,不但粗俗而且令人讨厌。

136. 抓住要点

要把事物的动向抓在手中。许多人只见树木不见森林,或者离题万里,远离事物的核心。他们常在外围绕圈子,自己累得不行,也让人累,就是不能直击要害。这种事常发生在头脑糊涂的人身上,他们不知道怎样去厘清思路。他们在最好置之不理的事情上浪费时间和耐心,之后他们就没有什么时间了。

137. 智者自足

有一个聪明人把拥有的一切都带在身边①。得到一位通才朋友,代表得到罗马和其余世界。②要让那样的人成为你的朋友,你就能够靠自己对付生活。如果他的趣味和理解力都比不上你,要他何用?你要仅仅依靠自己;与那至上之神相似乃为至上的幸福。一个能够依靠自己的人绝不会是粗鲁的人;无论怎样看都是个聪明之人,似一个神。

① 希腊墨伽拉的哲学家斯提庞(Stilpon of Megara)因家中失火,丧妻失子,他从废墟中起来,说:"我的财产还在我身边。"事见塞涅卡的《道德书信集》。

② 暗指政治家和军人老加图,西塞罗因其善于交友而赞扬过他。

138. 一切顺其自然

一切顺其自然,尤其是在大海——你周围的人、你的好友、你的熟人变得不平静的时候。与众人生活在一起,总有暴风骤雨的时候,避入安全港直至海浪平息乃为明智之举。采取补救反把事情弄得更糟。顺其自然,良心自会发现。聪明的医生懂得什么时候开药方,什么时候不开药方,有时最有效的治疗就是不予治疗。举手认输有时不失为一种平息难以对付的暴风骤雨的好办法。屈服一时,伸张有日。把河水搅混乃举手之劳。但是让它重新变得清澈,不能依靠人为,只能顺其自然。面对混乱局面,外部的整治未必就比内部的自纠更好。

139. 知道哪些天是你背运的日子

知道哪些天是你背运的日子,因为它们确实存在。没有什么事是一帆风顺的。你即便换一种玩法,可是坏运气依旧。要多多看顾自己的运气,万一不对,赶紧抽身。甚至理解力也有时间:谁也不能在任何时候都洞察一切。思维敏捷,就像是写的一封好信一样,实在是一件幸运的事。一切善事皆有赖于时机成熟。甚至美貌也不是四季常在。辨别力不论有余还是不足,都会有丧失的时候。任何事物的产生各有其机缘。有些天一切都是乱七八糟的;而有些天,几乎不费什么力气,就都井井有条。你会发现做什么都得心应手:智力运转自如,心情舒畅,福星高照。只管好自为之吧,在这些天里就要分秒必争。但是,不要因为一次背运就断言这天糟糕透顶,也不要因为一次走运就称这天妙不可言,两者都不是聪明人的做法。

140. 凡事求善

凡事求善,那些有好趣味的人往往交好运。蜜蜂求蜜,而毒蛇求苦,以为毒汁。所以,就趣味而言,有的人追求至善,有的人追求极恶。任何事物中都有善的成分,尤其是书籍,其中的善是要靠人的想象的。有些人的性格很不幸,他们在一千种圆满的事物中找出一点瑕疵,便大加责难并且过分夸张。他们专在热情和理智中收集垃圾,被各种污秽和缺憾压得直不起腰来;这是对他们可怜的洞察力的惩罚,而不是证明他们体察入微。他们不幸,因为他们就是喜好苦涩、喜好揭人之短。其他人有着比较好的趣味:在一千种瑕疵中他们总找得到一些完美的东西,这些人往往好运连连。

141. 不要只听从自己

自己愉悦却不愉悦他人又有何益呢?自满自足收获的只是嘲笑。给自己借贷,亏欠别人越多。自说自话、只听从自己不可能为人公正。自说自话乃是疯癫;在别人面前只听从自己则是疯上加疯。在我们耳边总有一些人喋喋不休地唱着叠句,"没错吧?"或是"晓得吗?"缠着别人要得到赞同或奉承,而怀疑自己的判断力。自负的人说话,喜欢有人应和。他们站在高处高谈阔论,就有蠢人跑过来令人作呕地高叫"说得好!"

142. 不要出于固执而坚持错误

不要出于固执而坚持错误,仅仅因为你的对手领先一步作出了正确选择。否则你将走上一个不战自败的战场,最终的下场是颜面丧尽。恶是无法与善相匹敌的。你的对手预先抢占了有利位置,那是他的狡猾之处;而你处在不利位置勉强迎战,则是愚不可及的。那些在行动上固执己见的人,要比在言辞上固执己见的人危险许多,因为行动比言辞要冒更大的风险。那些固执己见而无自知之明的人,喜欢与真理作对并且急功近利。审慎之人站在理智而不是情感的一边,或者一开始就有所预见,或者因为他们后来调整了立场。如果你的对手是愚蠢的,那么他的愚蠢就会使他首鼠两端,立场游移不定,最后使自己陷于不利的处境。为了把他从有利的位置上驱赶出去,你就要自己牢牢占据这一位置。他的愚蠢会使他放弃,而他的顽固则会把他打败。

143. 不可自相矛盾,以免流于鄙俗

不可自相矛盾,以免流于鄙俗,自相矛盾的后果是丧失信誉。任何威胁我们尊严的事都是愚蠢的。自相矛盾是一种自欺欺人,初看上去似乎理由充足,因其独辟蹊径而令人惊讶。但是,事后它的谬误显现出来,结果令人颜面丧尽。它有某种虚妄的魅力,在政治上误国误民。那些德行不甚高尚的人自相矛盾,会令愚蠢的人吃惊,把聪明人变成先知。自相矛盾表现为不健全的判断力,缺少深谋远虑。它以虚妄和不确定性为基础,令尊严处于险境。

144. 将欲取之,必先予之

将欲取之,必先予之。你若想得到所向往的事物,这不失为一条良策。甚至关于天堂,我们的基督教牧师也力荐这一神圣的巧计。这种方法掩人耳目、极其重要,善加利用,足以俘获他人的意志。你似乎把他人的利益放在心上,但这只是为你自己开辟道路而已。绝对不要做你自己还弄不明白的事情,尤其是冒险的事情。要当心那些常常开口就说"不"字的人。最好深藏起你的意向,使他们毫无妨碍地脱口而出一个"是"字,特别是当你感觉到他们会拒绝你的时候。这一箴言与隐藏自己的意图之类的箴言相关,它包含着同样最微妙的生活策略。

145. 藏起你受伤的手指

藏起你受伤的手指,否则凡事都会伤着它。永远不要对此怨天尤人。邪恶总是集中攻击我们的伤痛和弱点,垂头丧气的样子只会鼓励别人从你这里取乐。邪恶的意图也会设法从你心中萌生,它用巧计发现你伤在哪里,有一千条计策窥探你的伤势。如果你是聪明人,就会无视邪恶的暗示,掩藏自己的难言之隐,不论是个人的还是家庭的,因为甚至幸运之神有时也会让你雪上加霜。它总是直奔露出肉的伤口。不要暴露使你受苦的东西,也不要暴露使你充满活力的东西,免得前者挥之不去,后者不得长久。

146. 透过现象,看其实质

透过现象,看其实质,事物绝少是它们表面看上去的那种样子。所谓无知就是只看表象,不看实质;深入事物内部,便常有恍然大悟之感。凡事都是假象先行,把愚蠢的人抛入无穷无尽的庸俗之中。真理总是姗姗来迟,通常最后到来,和时间之神一起蹒跚而行。深谋远虑的人总是留下一只耳朵倾听真理,感谢他们共同的自然之母给了他们两只耳朵。假象是肤浅的,肤浅的人向它飞奔而去。判断力则隐藏在幽处,以便受到智慧的、审慎之人的更多尊重。

147. 不要让人难以接近

不要让人难以接近,没有一个人完美无缺,完全不需要偶尔向他人讨教。不听人劝就是一个不可救药的傻瓜。即使是最有独立见解的人也应留心善意的忠告,就是君主也乐意垂听群臣。有的人固执己见,因为他们难以接近;他们跌倒,因为没有人敢搀他们一把。就是最固执的人也应当向友人敞开心扉,帮助就会源源不断。我们都需要这样的朋友,他毫无顾忌地叱责我们,给我们提出建议。我们赞赏他的信任、他的忠诚和审慎,以保证他畅所欲言的权威。我们固然不可把我们的敬意和权威随便托付给任何人,可是在我们谨慎的内心世界,还要有一面诚实的镜子。如果我们珍视这面镜子,它就会使我们免于受假象的蒙蔽。

148. 要善于交谈

要善于交谈,交谈的艺术是衡量一个真正的人的标准。

人的所作所为,再没有比交谈更需要诸多辨别力了,因为没有比它更加经常发生。不论得失,都在此一举。写信是要动足脑筋的,这也是一种谈话,想出来,写在纸上,比当面谈话更累。精明的人说话听声。贤哲说:"说吧,说话使人出名。"对有些人而言,说话的艺术就是没有艺术,就像穿衣服似的随随便便。朋友之间的真诚交谈不妨如此,但在比较庄重的场合,谈话则应当稳重一些,以便显出人格的高尚。为了使交谈获得成功,你要适应别人的性格以及智力。不要自命为语词的审查大员,那样会被人当成语法学家;更不可做错句的检察官,那样会使别人拒绝你,不再和你交谈。在说话时,出言谨慎比能言善辩更加要紧。

149. 让别人去做出头的椽子

让别人去做出头的椽子,使自己免于恶人的侵犯,这可是屡试不爽的治人之道。让别人代你去承担失败的责难,成为流言蜚语的靶子,这不是无能而是做人的技巧。不是每一件事都是称心如意的,你也不能让每一个人都满意。因此,找一个替罪羊,他自己的野心会使他成为一个最好的靶子。

150. 要懂得如何推销自己

要懂得如何推销自己,仅有内在的好品质是不够的。不是每一个人都能够把握实质或者寻找内在的价值。人们乐于随大流;他们去一个地方观光是因为别人都去那里。宣传某些东西的价值有许多窍门,你可以赞美自己的货色,因为赞美会激发人的购买欲。有时候也可以给这种东西安上一个中听的名字(但切忌作假)。另一个窍门是只向懂行的人兜售,因为每一个人都相信自己是个行家里手,不是行家的也想要成为一个行家。切勿赞扬自己的东西便宜、普通,这会使它们看上去粗俗和一钱不值。每一个人都想获得独一无二的东西。独一无二既显示品位也显示智慧。

151. 要向前看

要向前看,今日要为明天,甚至以后许多天着想。多有时日,可谓至福。人有预见,绝不会惨遭厄运的打击;有所准备的人绝无尴尬的处境。不要保守你的理智,直到身陷困境时才拿出来应急,而是要用它预见那些困境的来临。困难的时候需要成熟的反思。枕头是无言的女巫,与其事到临头睡不着觉,不如早作安排,高枕无忧。

有些人行动在先,思考在后:这与其说是追求成功的结果,不如说是在寻找失败的借口。有些人既不事先思考,也不事后思考。人生的全部就是在思考中抓住命运。审慎思考、预见未来,就是一种有所预见的生活。

152. 不要与那些使你的天赋无从施展的人为伍

不要与那些使你的天赋无从施展的人为伍,不论他们比你显赫或比你卑微。一个人越是完美,就越受尊敬。别人总是处于主导地位,而你总是居于次要的地位,即使得到些许尊敬,也是鸡零狗碎的。当月亮独处的时候,尚可与星星争辉,可是一旦太阳升起,它不是隐而不显,就是消失殆尽。不要走近使你黯然失色的人;而要走近使你看上去更加光彩照人的人。这就是我们在玛切尔①的诗歌中读到,聪明的法布拉怎样在丑陋的、邋遢的女仆中间,反衬得美丽动人。不要自怨自艾,也不要献媚于人,致使自己名声受到损害。为了出人头地,不妨与贵人结交;一旦出人头地,就要与白丁来往。

① 马切尔(Martial),全名马可·瓦勒留斯·马切亚里(Marcus Valerius Martialis,约40—约104),西班牙拉丁讽刺诗人。

153. 不要踏进他人遗留的缺口

不要踏进他人遗留的缺口，即使非这样做不可，也要断定你的天分要略胜一筹。只是为了与你的前辈相当，也必须拥有超出其两倍以上的才华。令众人喜欢你而非你的后继者要有诀窍，避免被你的前辈所遮盖，更是要花费一番心思的。要填补一个巨大的真空是困难的，因为过去的看上去总是比较好的。和你的前辈旗鼓相当还不够，领先一步的人已占尽优势。你需要异乎寻常的智慧把他从高踞的盛名上驱逐下来。

154. 既不要轻信，也不要轻易爱谁

既不要轻信，也不要轻易爱谁，成熟的判断就是不轻信。谎言常有，而真诚不常有。匆忙判断会导致尴尬和没有退路的境地。但是不要公开怀疑其他人的真诚。把别人当成说谎者，或者坚持说别人上了当受了骗，就不只是伤害而且冒犯了别人。甚至还有更大的害处：不相信别人会引起他人对你诚实的怀疑。说谎者有双重的痛苦：他不相信别人，别人也不相信他。谨慎的听者总是暂缓判断。有一位作家（西塞罗，罗马政治家、演说家和哲

学家)告诉我,对人不可一见钟情。一个人用言辞撒谎,但也用行为撒谎,后一种欺骗伤人尤甚。

155. 善于控制自己的热情

善于控制自己的热情,无论何时,人的反思应当预见到热情的冲动。聪明人做到这点只是举手之劳。当你感到沮丧,要做的第一件事就是意识到你情绪低落。你可以开始控制你的情绪,下决心不再向前挪步。凭着这种出色的警惕性,可以迅速制止心中的怒气。要懂得怎样适可而止,困难在于四海翻腾之际保持风平浪静。在发疯的时候保持头脑清醒,证明你的判断力良好。热情过头有损理智,但是若有所警觉,心中的怒气不会失控,不会践踏你的良知。要让情绪处在最佳状态,就要谨慎地驾驭情绪。你将是马背上第一个清醒的人,也许还是最后一个。①

① 西班牙谚语:"马背上面无智者"。

156. 选择你的朋友

选择你的朋友,要考察他们的判断力、用运气试探他们。不仅要检验他们的意志力,而且要检验他们的理解力。虽然人生成功有赖于此,但人们几乎很少注意这一点。在有些情况下,胡闹产生友谊,而在大多数情况下,友谊更是出于偶然。可以根据你的朋友来判断你自己,聪明人从来不与愚蠢的人往来。与人相处愉悦,并不意味着使他成为挚友。有时我们喜欢一个人的幽默感,但并不需要完全信任他的智慧。有的友谊是真实可靠;有的则是逢场作戏。后者纯为逗乐,前者丰富多彩,可致功名。一个朋友的洞察力比许多其他人的良好愿望更可宝贵。所以要让选择而非偶然引导我们找到朋友。智慧的朋友驱散悲哀;愚蠢的朋友招致悲哀。如果你要拥有朋友,就不要贪图他们的财富。

157. 不要看错别人

不要看错别人,受人欺骗,糟糕透顶。情愿受价格的欺骗,不愿受商人的欺诈。再没有比提防这种事更加重要的了。知天与知人,判然有别。了解人的性格、识别人的气质,乃是一门艺术。应当仔细研究人心,如同研究任何书本一样。

158. 应当知道利用你的朋友

应当知道利用你的朋友,这需要技巧和判断力。有的人与你接近的时候才是有用的,而有的人则要与之保持距离,不善交谈的人也许擅长通信。保持距离能够清除某些在过分亲近时难以忍受的缺点。你不应当只是在朋友中间寻求喜乐,还应当寻求有用之处。一个朋友就是一切。友谊有三德:专一、善和真。鲜有人交到好友,如果不知道如何选择朋友,交到的好友就更加少了。要懂得如何珍惜旧情重于结交新知。寻找到能够长久的朋友,即使是刚刚结识,也有望成为一生的至交。最佳的朋友是那些深谙人情世故,又能与之分享经验的人。没有朋友的生活乃是一片荒漠。友谊可以扬善去恶。它是对厄运的慰藉,对心灵的纾解,不可多得。

159. 懂得怎样忍受愚蠢的人

聪明人是最不宽容的,因为经纶满腹已销蚀掉了他们的耐心。人若饱学,就难取悦于他。爱比克泰德[①]告诉我们,生活中最重要的法则在于忍受一切:为此他把自己的智慧减少一半。为了忍受愚蠢,需要更多的耐心。有时,我们在那些我们所最依赖的人那里遭受最大的痛苦,这将有助于我们征服自己。忍耐导致一种无价的内在的平和之心,后者是世间的福祉。不知道怎样忍受别人的人应当自我隐退,如果他还可以忍受自己的话。

① 爱比克泰德(Epictectus,约55—135),斯多葛派哲学家和道德学家,其道德教训多含宗教热情。

160. 出言要谨慎

出言要谨慎,和对手说话要小心提防,和其余人说话,则要顾及自己的体面,说话的机会总是存在的,但是收回它的机会却不存在。说话要仿佛写契约一样:文字越精练,诉讼越少。做一件小事如同做一件大事一样,说话也是如此。保守秘密的人有一种神圣感。心直口快的人,与他结交快,绝交也快。

161. 要知道你自己偏爱的缺点

即使我们眼中的完人大多也难免有些美中不足,但是为什么你们还要和他们结婚或者在他们中间寻找恋人呢? 有智慧的人也有瑕疵,才华出众,缺点也出众或者说更引人注目。不是因为那人对自己的缺点毫不知情,而是因为他喜欢这些缺点。两种邪恶合而为一:对自己缺点的非理性偏爱,滋生缺点。它们是完美之人脸上的黑痣,令别人反感,但是在其本人看来却是美人痣。这是一种打败自己,糟蹋自己天赋的绝好办法。其他人一下子就注意到了你的缺点。他们不是赞扬你的聪明,而是利用你的不足,使你的其他天赋遭到玷污。

162. 征服嫉妒和恶意

对他人的嫉妒和恶意毫不在意,并无益处。行事大度,得益甚多。有人说你的坏话,你则说他的好话,再没有比这更加值得称道;以美德和智慧征服嫉妒,再没有比这种报复更加具有英雄气概。你的每一次成功,对于希望你倒霉的人将是一种折磨;你的荣耀将是你对手的地狱。这是给对方最大的惩罚:将功成名就化为致命毒药。嫉妒的人死去不止一次,他的对手得到几次欢呼,就死过几次。遭人嫉妒,名声久长,便是对嫉妒之人永恒的惩罚。前者永远生活在荣耀里,而后者则生活在惩罚中。名声的号角对这个人是永生的鼓乐,对那一个人却是责罚,判处他上忧虑的绞架。

163. 勿让你对于不幸者的同情,把你变成他们之中的一分子

勿让你对于不幸者的同情,把你变成他们之中的一分子。一个人视为不幸的事;另一个则视为有幸。如果大家都说不幸,谁还会说自己幸运呢。不幸的遭遇常常博得人们的同情;我们想以无用的同情心去安慰他们,感叹命运的不公。一个人有钱有势的时候,人人恨之入骨;一旦倒了霉,所有人就突然怜悯起他了。他的中落把复仇的愿望转化为怜悯的心情。要有机敏的头脑才能看清其中的奥妙。有些人专爱同不幸的人打交道。他们在背运的人面前停住脚步;而后者在鸿运高照的时候,他们又避之犹恐不及。或许这就是高贵有余、机敏不足的一种表现。

164. 放飞一只试探气球

放飞一只试探气球,看看某种事情是怎样被人理解和被人所接受的,特别是当你吃不准它是否为公众所欢迎,是否能够取得成功的时候。这样可以确保事情向好的一面发展,及时决定进退取舍。试探别人的意愿,机敏的人就能找到自己的位置。如此方能在治学、治人与治国上登峰造极。

165. 要打正义之仗

聪明的人可以参与战争,但不可参与不光彩的战争。凡事要按你所想的那样去做,而不是按别人要你做的那样去做。对待你的对手宽宏大量,值得褒扬。参与战争,不仅要赢得权力,还要显示你是一个高贵的战士。毫无尊荣地攻城略地,不是胜利而是投降。善者不使用禁止使用的武器,一旦得到这些武器,便会失去朋友。甚至当友情衔恨而终时,也不要用心中对朋友的信任谋取好处。哪怕是稍有一些背叛之举,于你的名声有害无益。高贵的人不可有丝毫的卑鄙之举。高贵蔑视卑贱。即使豪侠、慷慨以及信义在世界上已经荡然无存,它们也会在你的心里找到,你要为此感到骄傲。

166. 要把口惠而实不至的人与言必行,行必果的人区别开来

要把口惠而实不至的人与言必行,行必果的人区别开来,两者之间的区别极其细微,就像要区别重视你本人和重视你地位的朋友一样。恶言即使并无恶行,固然糟糕。但恶言未出,恶行倒已先行,则更加糟糕。人不能靠

清风般的言辞吃饭,也不能靠温柔的骗局过活。用镜子捕鸟是最完美的罗网。只有虚妄的人才满足于清风。言辞要获得自身的价值,必须要有行为做支撑。只长树叶不结果实的树,是没有树心和树髓的灌木。一个人必须知道什么是有益的,什么是虚妄的。

167. 要依靠自我

要依靠自我,遭遇困境时,一颗坚定的心是最好的伙伴了。如果心不够坚定,也应当使用别的器官来支持它。有了依靠自我之心,便可承担更多的愁绪。不要向命运低头,否则将更加难以承受命运的打击。有的人面对自己的艰难困苦而不知自助,不知如何承受,反而使自己的境遇雪上加霜。了解自己的人会沉着冷静,克服脆弱,聪明的人会设法征服一切,甚至宇宙星体。

168. 不要成为一个大傻瓜

不要成为一个大傻瓜,至愚之人乃是所有碌碌无为、自高自大、固执己见、想入非非、自满自足、举止放肆、自相矛盾、头脑简单、追逐新奇、不守纪律的人,所有不知循规蹈矩的人。精神上的畸形比肉体上的畸形更加糟糕,因为它与外表的美貌截然相反。但是有谁能够纠正所有这些常见的愚蠢?没有良好的理智,就没有接受忠告和指导的机会。贪图虚妄的喝彩,会把细心的观察置于一旁。

169. 避免失手一次,胜过得手百次

避免失手一次,胜过得手百次。谁也不会用肉眼直接观看太阳,但是一旦发生日食,人人仰头观看。鄙俗的人紧盯着的,不是你的多次成功,而是你的一次失败。好事不出门,坏事传千里,对于嗜好传播流言蜚语的人而言,坏事更有吸引力。许多人默默无闻,直到有一天他们犯了罪,而他们所有的成功竟然不足以抵消一个小小的过失。须知:恶意只关注你所有的过失,对你的美德却视而不见。

170. 凡事都要有所保留

凡事都要有所保留,这样你将始终有用武之地。任何时候都不要殚精竭虑以至于黔驴技穷。也不要耗尽所有的体力。即使自己的知识也要有所保留,那么你的圆

满就是双重的。在遇到尴尬的时候，总要有某种东西可以为你所用。及时救人于危难，比鲁莽的出击更重要。审慎之人总是寻求一条安全的路线。在此意义上，我们也可以相信这样一个有趣的悖论：不足胜过有余。

171. 不要滥用人们对你的喜爱

要结交些重要的朋友，以备不时之需。不要滥用他们好意的恩宠，也不要为着一点鸡毛蒜皮的小事就利用你的熟人。不要惊动他们直到你真正遇到危急。如果为一件小事而兴师动众，那你为将来的不时之需预备什么呢？再也没有比得到众人的喜欢更加宝贵的了，他们可以保护你。他们可以创造一切，也可以毁坏一切；他们可以给你智慧，也可以剥夺你的智慧。大凡自然与声望赠予聪明人的，命运女神都要嫉妒。把握人要比把握事更为重要。

172. 人若一无所有，勿与之争

人若一无所有，勿与之争，这种争斗是不公平的。这种人与人相争，毫无顾忌，因为他已丧失一切，甚至包括他的羞耻感。他抛掉了所有的东西,再也没有什么可以失去的,什么蛮横无理的事都做得出来。不要拿自己宝贵的名声在这种人身上冒险。多年来好不容易赢得的一些声望,不必因为某些无关紧要的事情而在瞬间毁于一旦。一丁点儿丑闻便足以败坏无数诚实的劳作。聪明人懂得个中的利害攸关。他知道什么东西会败坏他的名声,他决意谨慎从事,所以暂且缓行,以便有充裕的时间全身而退。即使在争斗中大获全胜,也无法挽回由于冒险暴露自己所丧失的东西。

173. 勿以玻璃心与人交往

勿以玻璃心与人交往,即便朋友之间也不可如此。有些人极易心碎,表明他们是多么脆弱。心中装满怨恨,使人平添烦恼。他们比眼珠子还要敏感,触摸不得,既开不起玩笑,又不能一本正经。眼中有了尘埃就以为是冒犯,对良木反而满不在乎。与他们交往的人不得不小心伺候,对他们的娇气不敢有片刻的疏忽。鸡毛蒜皮的事也会使他们生气。他们心中只有自己,他们是他们自己品味的奴隶(为此他们不惜践踏其他一切),是他们自己愚蠢的自尊心的崇拜者。

174. 人生不可太过匆匆

人生不可太过匆匆,如果你懂得如何安排事情,就懂得如何享受它们。每当幸运消失,许多人的生命也就走到了尽头。他们虚度时光,匆忙赶路,情愿回头把它们找回来。对他们来说,时间流逝得太慢,他们是生活的牧马人,心急火燎、扬鞭催马。他们恨不得一天之内吞下一辈子也消化不了的东西。他们因预见到了成功而吞噬未来的岁月。由于他们总是急不可待,结果常常是欲速则不达。应当记住:即使在吸收知识的时候,你也应当从容不迫,使学习到的东西不至于生吞活剥。平凡的日子总是多于走运的日子。行动宜速,享受宜缓。行动是善,但是当行动结束,满足便是恶。

175. 做一个实在的人

如果你是一个实在的人,就会觉得那些华而不实的人毫无情趣。一个人出类拔萃而不实在,乃是一种不幸。外表实在的人总比真正实在的人多。世上有骗子,他们心怀种种幻想，滋生种种骗人的花招；也有另一些人，和前者相似，他们怂恿前者，情愿要（甚多的）虚妄的不确定，也不要（少有的）实在的确定性。他们的想象力糟糕透顶，因为他们的想象力缺乏前后一致的基础。只有真理才能给你真正的声望，只有实在才是有益无害的。一个谎言要用许多其他谎言来掩盖，用不了多久，这座可怕的空中楼阁就会倾圮。没有根基的事物从来不久长。它们的许诺使人疑窦丛生，它们的证明使人敬而远之。

176. 自己不知道，就要倾听知道的人

自己不知道，就要倾听知道的人。只要活着，就要知道：人的知识，不是自己本有的，就是取自别人的。但是许多人不知其无知，而另一些人无知却自认有知。愚蠢袭来，无药可救。因为无知的人不知道自己，他们从不寻找自己所缺乏的。有些人本可成为圣人，如果他们不是自认为圣人的话。关于审慎的神谕极为珍贵，但是它们一无所用，因为无人前去求问。寻求忠告不会埋没你的崇高，也不会使人怀疑你的智慧。相反，它会增加你的名声。欲与不幸抗争，且向理性求问。

177. 不要过分亲近别人，也不要让别人过分亲近你

不要过分亲近别人，也不要让别人过分亲近你，否则你将丧失因正直带来的优势，以及因优势带来的名声。星星不与我们接触，因此光芒四射。神性要求高贵，亲近滋长猜忌。人间之事，最常用的最不让人尊敬，因为沉默隐藏缺点，交往揭露缺点。不要过分亲近任何人。不要亲近高过你的人，因为这是危险的；也不要亲近不如你的人，因为有损尊严，万不可亲近愚蠢而无礼的下等人。下等人认识不到你施恩于他们，反倒认为那是你的义务。对人过分亲近与粗俗无异。

178. 相信自己的心

相信自己的心，尤其是当它还坚定的时候。永远不要站在它的对立面，它会判断最重要的事情：它是天生的预言家。许多人被他们所害怕的东西打败，既然他们不知防患于未然，害怕又有什么益处呢？有的人天生一颗非常忠诚于他们自己的心，常常提前警告他们，而挽大厦于将倾之前。直接向困难冲刺不是精明，但是在中途截住它们，以便征服它们，则可谓精明矣。

179. 含蓄是智慧的标志

含蓄是智慧的标志,不知含蓄的胸怀是一封公开的书信。人要有深度以便能够隐藏自己的秘密:大空间,小港湾,有要事即可深藏其间。含蓄来自已经把握住自己的人,而保守自己的秘密则是一场真正的胜利。你向众人显示得愈多,便向他们进贡得愈多。健全的审慎在于有内心的谦卑。含蓄常受到一些人的威胁,他们要试探你,与你作对,以便控制你或者设置圈套,使得即使最机敏的人也会泄露自己的秘密。既不要说你将做的事,也不要做你说过的事。

180. 勿以你对手的愿望来管束自己

勿以你对手的愿望来管束自己,愚蠢的人从来不做审慎之人认为他该做的事,因为他不能理解那是对他有好处的事。即使他是个聪明人,也不会那样做,因为他想掩饰自己的意图,免得你会发现而有所图谋。要考查事物的两方面;要前后思量。不要考虑将会发生什么,而要考虑能够发生什么。

181. 凡事不说谎话,也不必说出全部真相

凡事不说谎话,也不必说出全部真相。再没有比讲真话需要更多技巧了,就像从心脏放血需要极高的技术一样。讲真话与不讲真话同样要讲究技巧。说一次假话足以败坏你诚实的名声。受骗的人看上去错误百出,而骗人的人看上去则虚伪不诚实。并非所有的真相都是可以说出口的:保持沉默,有时是为了自己;有时也是为了别人。

182. 要向每一个人表示出一点勇气来:此为一种相当重要的聪明之举

要向每一个人表示出一点勇气来:此为一种相当重要的聪明之举。要改变你对别人的看法:不要将他们看得过高,好像你害怕他们似的。永远不要让你的想象力屈从于你的心。许多人在认识他们之前,看上去崇高无比,结交之后失望便胜过了景仰。谁也超越不了人类的狭隘界限。每一个人的聪明和品格都有一个"但愿……"的美中不足。职衔赋予人某种显而易见的权威,但是职衔的权威是绝少与个人品性的权威并存的,因为命运往

往给予位高权重的人较少的才智，以此作为对他的惩罚。想象力总是超前的，令事物徒有其表。不仅想象出存在的东西，也想象出也许不存在的东西。理性应当根据经验来清晰地观察事物，纠正想象力造成的偏差。愚蠢的人不可鲁莽行事，有德性的人也不必谨小慎微。如果自信有助于愚人和头脑简单的人，那么它对于聪明人和鲁莽人的帮助就更多了！

183. 凡事不可过于执着

凡事不可过于执着。愚人顽固，顽固者愚，他们的判断愈是错误百出，他们就愈是固执己见。所以，即使在你正确的时候也不妨作出让步，这才做得漂亮呢！人们将承认你的正确，盛赞你的大度。世上因为固执而丧失的东西，远比通过战胜对手而赢得的东西为多。人为之而战的往往不是真理而是粗鲁。有些人的头脑是块铁疙瘩，什么话都不足以说服他，固执得毫无希望。当狂想与固执相遇，它们便永远结合为愚蠢。意志需要坚定，而不是判断。当然也有例外，人不应在判断上和行动上同时退让两次。

184. 繁文缛节,不必拘泥

繁文缛节,不必拘泥,甚至就国王而言,这种装模作样也显得稀奇古怪。拘泥小节的人令人讨厌,所有的国家都遭到此种过于拘谨的行为的打击。愚人——也就是他们自己的荣耀的崇拜者的衣服,就是用这些愚蠢的针脚缝起来的,他们的荣耀毫无根基,因为任何事物都可冒犯它。要求尊重,固然是一件好事,但不可为尽善尽美而装模作样。当然,一个完全不讲究繁文缛节的人,若要功成名就,亦非有大智慧不可。礼貌谦恭既不可过分,也不可全无。太多关注荣耀的细枝末节,并不能显示你的伟大之处。

185. 不要拿自己的声誉冒孤注一掷之险

不要拿自己的声誉冒孤注一掷之险,如果后果不妙,则悔之晚矣。你可能很容易出错,尤其是第一次尝试。你不可能始终处在最佳状态,也不是每一天都是你的。所以要有第二次尝试,以弥补第一次的失败……即使一次成功,那对第二次也是有所助益。凡事要留有改进和回旋的余地。事物依赖各种环境,幸运保证我们成功绝无仅有。

186. 对事物的不足之处,要及时洞察

对事物的不足之处,要及时洞察,即使表面上正好相反。人若诚实,必能洞察邪恶,就算它乔装改扮,头顶金冠,也掩盖不了它的本性。奴隶制即使评价再高,也掩饰不住其罪恶。邪恶可以虚饰,但总不失其拙劣。有的人看到许多英雄身上的不足,但他们没有认识到,并非这些不足才使他们成为英雄。身居高位者是非常有说服力的,甚至可使他们效法其丑恶。奉承拍马者甚至会模仿一张相貌丑陋的脸,他们认识不到,当崇高不存在时,崇高所掩饰的东西也是面目可憎的。

187. 某事使人愉快,当亲自为之;当它令人讨厌,则当让人代劳

某事使人愉快,当亲自为之;当它令人讨厌,则当让人代劳,如此可以赢得众人喜爱,转嫁敌意。伟大而高贵的人认为行善的快乐超过受人之善。你麻烦别人,便会因为遗憾和自责而感到烦恼。就回报或报答而言,凡是好的,就亲力亲为;凡是坏的,不妨假以人手。你要给人某种可以用仇恨和不满的闲言碎语连续打击的东西。乌

合之众的愤怒犹如狂犬病。浑然不知受到什么伤害,只知道乱咬颈圈。虽然颈圈无过,却遭此惩罚。

188. 寻找别人的长处来褒扬

寻找别人的长处来褒扬,这将使你的品位得到认可,并使别人感到你的品位之高,对你的声望尊敬有加。如果有人发现何谓完美,不论它在什么地方出现,都会倍加珍视。褒扬提供交谈的话题、学习的榜样。这是把你的谦恭好意推荐给同伴的一种礼貌方式。有的人却反其道而行之:他们专找别人的短处加以批评,对不在场的人嗤之以鼻,以便阿谀奉承在场的人。这对那些肤浅之人特别管用,他们不晓得其中的圈套:搬弄是非。另一些人则养成了一种习惯,他们赞扬今日的平庸之辈,胜过赞扬往日的优秀之才。审慎之人应当识破这些诡计,既不言过其实,也不阿谀奉承。要让他认识到,这些批评家不管与谁在一起,做的都是同样的事情。

189. 使他人的匮乏为我所用

匮乏引发欲望,利用这种欲望乃是支配他人的最可靠的手段。哲人说，匮乏就是一无所有，而政治家却说，匮乏就是一切；后者是对的。有的人踩着他人欲望的阶梯达到自己的目的。别人的窘境，他们善加利用。以别人的困难刺激这些人的胃口。他们发现匮乏的蜇咬胜过富足的满足；困境愈甚，则欲望愈炽。获得你想得到的事物的巧妙办法：让他人依赖于你。

190. 要在各种事物中寻找安慰

要在各种事物中寻找安慰，即使无用之物也有可安慰之处：它们可得永恒。再黑暗的天空也会透露一线光明，愚人也有福星高照之时。正如谚语所云："丑女交好运，靓女也嫉妒。"要得长生久视，不可有太大的价值。被我们打碎的杯子，恰恰就是那只以为完全打不碎而叫我们着恼的杯子。幸运似乎嫉妒英才。它让庸人长寿，而让英才早逝。饱学之士常常匮乏，无用之人则永远满足，或者因为他看上去是如此，或者因为他确实如此。就不幸之人而言，幸运和死亡不谋而合地把他遗忘了。

191. 不要被巧言令色所迷惑

不要被巧言令色所迷惑——此乃骗局。有的人迷惑别人,不需要魔术道具。他们毕恭毕敬地脱帽致敬,令愚人昏昏然。他们出卖自己的体面,用一连串的好话偿还他们的欠债。许诺一切的人等于什么也没许诺;许诺是网罗愚人的陷阱。真正的慷慨是一种责任,虚伪的慷慨是一种欺骗,过度的慷慨不是体面而是有求于人。这样做的人,不是向那人而是向那人的钱财鞠躬、献媚;不是尊敬善良人品,而是渴求荣耀。

192. 心境平和,可以长寿

心境平和,可以长寿;自己活,也让别人活。心境平和的人不仅活着,而且驾驭一切。他们眼观六路,耳听八方,但是三缄其口。没有争斗的白天,意味着平安休憩的夜晚。生命久长并从中获得乐趣,乃是双倍的人生:此乃心境平和的果子。你对无聊的事情毫不在意,就能够获得一切。再没有比把什么都当真更加愚蠢的了。事不关己反受其害,与关己之事不受其害,两者一样愚蠢。

193. 当心有些人，他们假装把你的利益置于他们自己的利益之上

当心有些人，他们假装把你的利益置于他们自己的利益之上，提防诡计多端的办法就是提高警惕。人心不古，尤当如此。有些人善于把他们的事变成你的事，如果你不能识破他们的意图，就会替他们做火中取栗之事。

194. 对你自己和你自己的事，都要采取现实主义的态度

对你自己和你自己的事，都要采取现实主义的态度，在你刚开始走上生活之途时，就应当如此行。每个人都自视甚高，一钱不值的人总认为自己身价百万。每个人都梦想着自己撞大运，想象自己是个神童，希望总是抓住什么不放，而经验教训总是无人在意。对于虚无缥缈的想象来说，清醒地认识现实乃是一种折磨。要明智啊！要往最好处着想，往最坏处打算，以平常心对待任何后果。好高而不骛远，乃为上策。当你着手一件工作时，要调整你的期望值。缺乏经验时，任意妄为常常败事有余。善于领会是防止各种愚蠢事的万应良药。要了解你的活动能量和自身条件，还要调整你对现实的想象。

195. 要懂得欣赏别人

要懂得欣赏别人,山外青山楼外楼,没有一个人样样技不如人,人人都有棋高一着的时候。要懂得如何欣赏每一个人,这是非常有用的。聪明人尊重每一个人,因为他认识到每一个人的长处,也认识到凡事做好不易。愚蠢的人则轻视他人,一是出于无知;二是因为他自甘落后。

196. 要了解你的幸运之星

要了解你的幸运之星,没有一个人如此无助,连一颗幸运之星都没有,如果你觉得不幸,只是因为你还没有发现你的幸运之星。有些人上达天庭,结交权贵,却不知是怎样以及为什么走到这一步,实际上乃是运气特别宠爱他们。他们还需要以努力维持他们的运气。其他人则因得到智慧的眷顾。有些人在这个国家里比在其他国家更容易被接受,在某个城市里比在其他城市里更容易出人头地,甚至在其长处完全相同的人们中间,在追求同样的事业中,有些人也更加走运。幸运女神按照自己的意愿洗牌。每个人都要知道自己的幸运之所在,知道他自己的天分;得失均有赖于此。要知道如何尾随你的幸运之星,不要捧着金碗要饭吃。

197. 千万不要被愚蠢之人绊倒

一个愚蠢的人就是认不出谁是愚蠢的人,甚至一个虽然认出谁是愚蠢的人,却不愿与之绝交的人。和愚蠢的人交往,哪怕只是初交,也可谓险象环生,如果你信任他们,则对于你自己是有害无益。一会儿他们由于自己或他人的谨慎而犹豫不决,但是迟疑只是为了使他们的愚昧变本加厉。一个毫无名声的人对你只会有害无益。愚蠢的人总是不幸的——这正是他们的烦恼——他们双重的不幸挥之不去,影响到和他们交往的人。他们只有一件事还不算太糟糕,那就是:虽然聪明人对他们毫无用处,但是他们对聪明人倒是有一个用处,就是做他们的反面教员。

198. 要知道如何易地而居

要知道如何易地而居,有些人在易地而居之后变得受人尊敬,对那些有身份的人来说更是如此。祖国对待杰出人物往往像后母一样。嫉妒找到沃土,统治万物,记住一个人的前衍,记不住日后的伟业。从旧世界旅行到新世界,一个小人物也能赢得尊敬,一颗玻璃珠子也可以使人蔑视钻石。① 凡是舶来品都使人艳羡,不是因为它们来自瀛洲,就是因为只是看到它们精工雕琢之后的样子。有些人在自己生活的一隅遭人蔑视,却能在世界上赢得名声。他们因为国人从远处看他们,而在外国人看来他们远道而来,因而蜚声国门之外了。祭台上的雕像只要回想到它当初在森林里的模样的时候,就再也不会产生什么敬意了。

① 指欧洲人开发新大陆。

199. 当你试图赢得别人的尊敬,要小心谨慎

当你试图赢得别人的尊敬,要小心谨慎,不可咄咄逼人。通向好名声的正道是要有善行;如果努力得当,名声自会到来。正直本身是不够的,勤勉也是不够的,因为努力不当,足以败坏名声。要走一条中庸之道:你应当要善行,但也要懂得如何表现。

200. 要有所希望

要有所希望,免得因福得祸。身体要有所呼吸,精神要有所渴望。如果得到了一切,一切就会使人失望和不满。甚至理性也应当不断获得新的某种能满足其好奇心的东西。希望赋予我们名声,而饱食幸福则可能致命。给人报答的时候,永远不要使他们餍足。他们不想要任何东西的时候,你应当感到害怕:因福得祸。欲望终结之处,恐惧便开始了。

201. 愚蠢之人一半看上去愚蠢;另一半看上去则不愚蠢

愚蠢之人一半看上去愚蠢;另一半看上去则不愚蠢。白痴遍及世界:如果还有什么智慧的话,便是神明眼中的愚蠢了。至愚之人认为自己不蠢,愚蠢的是别人。一个聪明人,让人看上去聪明是不够的,自己觉得聪明更是不行。自知无知,是为知也;不知他人之知,是为无知。世界充满愚人,但是谁也不自认为愚人,也不想避免做一个愚人。

202. 言辞和行为造就一个完人

言辞和行为造就一个完人,讲好话,做好事。前者表明有一个完美的头脑;后者表明有一颗完美的心灵,两者来自高尚的灵魂。言辞是行为的影子。言辞是靓女,行为是俊男。与其赞美别人,不如博人赞美;说话容易;践行却难。行为是生活的实质;漂亮话只是装饰。高贵在行为中永存;在言辞中败坏。行动是慎思的果实。言辞是智慧;行为是力量。

203. 要结识与你同时代的伟人

要结识与你同时代的伟人,他们为数不多。全世界只有一只凤凰,每100年只出一个伟大的上校,一个完美的演说家,许多国王中才出一个明主。平庸之辈泛滥成灾,谁人景仰。卓越者不常有,因为需要他们至善至美,目标越高,越难达到。许多人自称"大帝",只是从恺撒和亚历山大白白借来一个名分;没有付诸行动的言词,只是一阵清风。塞涅卡不常有,而只有阿皮勒斯①赢得永久的名声。

① 阿皮勒斯(Apelles),公元前4世纪希腊神话题材画家。

204. 容易的事要当作难事办;难事要当作容易事办

容易的事要当作难事办;难事要当作容易事办,以免丧失自信和勇气。若拒绝做某件事,你只要把它当成已经做过的事。但是勤勉可以征服貌似不可能的事。在遇到重大险境时,甚至不必思考,只需行动。不要见困难就趴下。

205. 要学会藐视

要学会藐视,将欲得之,必先藐之,也算一法。你需要的东西,寻找它们的时候,便消失得无影无踪,到后来却不请自来。人间万物是天上的影子,它们的作为也像影子;你追它们,它们就逃跑;你逃跑,它们反倒追你。藐视也是最厉害的报复。有一条智者的格言:切勿以笔墨捍卫自己,因为它只留下白纸黑字,未曾惩罚你对手的傲慢无礼,反使他们得了荣耀。一钱不值的人有意和有地位的人作对:他们试图间接博取名声,而未必真正符合那样的名声。有许多人,他们出色的对手未必把他们放在心上,本来是一文不名的。报复不如淡忘:把别人埋葬在默默无闻的尘土之中。厚颜无耻之徒,他们企图放火烧掉维持了几个世纪的世界奇观,达到名垂千秋的目的。充耳不闻是平息庸碌之辈的谣言的好办法。义正词严的指责反而于己不利。给它面子就是自己有失面子。有人想仿效你,要感到高兴,尽管他们的呼吸会玷污——即使不是抹黑的话——你的完美无缺。

206. 要懂得平庸之徒无处不在

要懂得平庸之徒无处不在,即便在哥林多①,即便在最高贵的家族里,都是如此。每一个人都在自己的家里有所领教。不仅有平庸的百姓,还有出生高贵的平庸之徒,他们甚至更糟。这些人有着种种平庸的品质,就像一面破碎镜子的碎片,但是比碎片还扎人。他们就像愚人,厚颜无耻地批评别人。他们是无知的大弟子、白痴的教父、起劲传播流言蜚语的人。不要留意他们说了什么,更不要留意他们的感受。只要认识他们,是的,以便拒之于千里之外:拒绝与他们的平庸同流合污,平庸之辈是由愚人构成的。

① 希腊城邦,以知识和奢华闻名。

207. 凡事自制为上

凡事自制为上,尤其在面对偶然事件的时候。情绪突然波动，谨慎就会失衡，此刻的你就会呈现败象。在狂怒和得意的瞬间，比在无动于衷的悠悠岁月里走得更远。哪怕一秒钟的胡作非为，也会使你抱憾终生。狡猾的人为审慎之人设下了这些陷阱，以便探听虚实，揣摩他们对手的内心。他们打探秘密，了解天才的底细。你怎样对付呢？要镇静自若，尤其是突然有了冲动的时候。要多多思想，勿使情绪如同脱缰的野马；如果你在马背上依旧聪明，在一切事上也会聪明①。预见危险的人懂得试探前行的道路。冲动的话，说者也许无心，听者却是有意。

① 参见第155条注解所引西班牙谚语。

208. 不要因一时糊涂而丧命

聪明人常死于精神错乱。愚人常被忠告噎死。用脑过多，会因愚蠢而死。有些人死，因为他们感受甚多；有些人死，因为他们毫无感受。有些人愚蠢，因为他们不知悔改；有些人则因为悔改过多，聪明反被聪明误，此之谓大愚。有的人死了，因为他们知道一切；有些人死了，因为他们一无所知。尽管许多人因为愚蠢而死，但是几乎没有一个愚人真正死去，因为他们就根本没有开始活过。

209. 勿受众人愚昧的影响

勿受众人愚昧的影响,这需要一种特殊的判断力。众人的愚昧往往得到习惯的认可。有些人能够抵御个人的无知,却不能抵制众人的无知。粗鄙的人从来为其甚至登峰造极的运气而幸福,从来不为他们的甚至最差的智力而悲哀。他们不知道享受自己的幸福,却嫉妒别人的幸福。世人只道往日好,生在今世却向往前世之事。过去的似乎更好,遥远的似乎更亲切。嘲笑一切的人,与觉得一切都很悲惨的人一样愚不可及。

210. 要懂得如何说真话

要懂得如何说真话,说真话危险,但是一个好人是不惮于说真话的。说真话要有技巧。向某人掩饰真相的时候,就是真相也是苦涩的,所以,娴熟的心灵医生发明了真理的甜化剂。这需要极高的造诣和恰当的方法。同样一句真话,一个人谄媚我们的耳朵;另一个人则轰炸我们的耳朵。当你与某个有头脑的人交往时,只要点到为止或者完全保持沉默。而王公贵族们从来是受不了苦药的。为了使他们迷途知返,应给他们吃糖丸。

211. 天堂里一切都是美好的;地狱里一切都是悲哀的,而在天堂和地狱之间的人世,我们找到了两者

天堂里一切都是美好的;地狱里一切都是悲哀的,而在天堂和地狱之间的人世,我们找到了两者,我们住在两个极端的中间,两头沾边。幸运变幻莫测:并非一切皆为幸福;亦非一切皆为丑恶。今生只是一个零:本身乃是虚无。加上天堂,才有许多。世事沧桑,不为所动,乃为上策;智者不在乎稀奇的事物。我们的生活就像剧场,幕起又幕落,所以,要当心的乃是结局如何。

212. 切勿以自己最后的手段示人

切勿以自己最后的手段示人,高明的师傅在乎如何显露他们的手段。谨守你的过人之处,可以为人师。当你露一手的时候也要留一手。勿使你为人师、施舍人的源泉枯竭。唯此方可以使你名声常在,使人有求于你。只有为人之师、有所施予,投其所好,方能诱发别人的赞美,逐渐显示自己的完美。赢得生活中最重要东西的要诀便是——凡事留有一手。

213. 要知道如何运用激将法

要知道如何运用激将法,这是挑逗他人的一步妙招:让他们傻事不断,而你则坐收渔利。你能够用激将法摆脱别人的怒气。一脸不信的样子,可以逼人吐露真情;这是开启紧锁的心扉的钥匙。以此妙法,可以探测他人的意愿和判断力。对某人闪烁其词的话,假装满不在乎,可以捕捉他内心最深处的秘密,将它们从他嘴里一点一点抠出来,引诱它们钻进你精心编织的网罟之中。聪明人的获得,就是其他人的丧失。聪明人可以发掘出人们心中谜一般的感受。假装怀疑乃是满足你好奇心的一把万能钥匙:它能够发现想要的一切。甚至在学习中也有它的用武之地:好学生善用激将法,迫使老师更加热心地解释和捍卫真理。直接向老师挑战,他的教学就会日趋完善。

214. 不可两次做同一件蠢事

不可两次做同一件蠢事,我们为了纠正一件蠢事,常常不得不做四件。说一次谎言要用另一个更大的谎言弥补,蠢事也是如此。为掩盖错误寻找借口已属不当,但是不知如何再犯同样的错误更是失策。人有瑕疵,代价不菲,但是巧言辩护,变本加厉,则付出更多。最伟大的圣人会犯一次错误,但是不会连犯两次:他可能因过失而跌倒,但不会就此躺倒,在那里结庐而居。

215. 要当心那些掩饰自己意图的人

机灵的人善于分散别人的意志,以便实施攻击。意志一旦游移不定,则必败无疑。这些人掩饰自己的意图,以便得到他们想要得到的,他们以退为进。有目的而不为人所知是最好的目的。当他人的意图苏醒时,应当有所警觉。当他人的意图蛰伏时,更要加倍警觉。要小心探明别人的图谋。注意他们动向,以便摸清他们想要什么。他们声东而击西,就像蜜蜂一样,他们的意图在归巢之前,先飞上几个圆圈。要当心他们的让步。有时最好让他们知道,你已心中有数。

216. 要明确地表达自己的想法

要明确地表达自己的想法,不仅从容不迫,而且清楚明白。有些人结了好胎,却偏逢难产,表达想法若不清楚明白,灵魂之子——概念和思想就永无天日。有的人好比酒坛,进多出少;有的人滔滔不绝,比他们的感受还多。决心归意志管,而明确归理智管:两者都是不可或缺的天赋。思维清晰的人受人称赞;思维混乱的人则常常因为不可了解而备受尊敬,其实,有时候晦涩也是一件好事,可以不至流于粗俗。但是,如果我们自己说不清楚,又如何指望别人理解他们所听到的呢?

217. 既不要爱也悠悠,也不要恨也悠悠

既不要爱也悠悠,也不要恨也悠悠,对待朋友,就像他有可能变成最坏的敌人那样。既然这种事在现实中屡见不鲜,就要有所预见。我们不可容忍朋友的背叛,他们将挑起最残酷的战争;相反,对待敌人,倒是要敞开和解的大门。豪爽的大门最为可靠;报复的快乐常常转化为折磨;伤害别人的满足常常转化为痛苦。

218. 做任何事切勿出于固执,而要仔细思量

做任何事切勿出于固执,而要仔细思量。冥顽不化就是恶——它是怒气之女,根本不会正确对待任何事物。

有人把一切变成了战场，像绿林好汉一般，凡事都竭尽征服之能事。他们根本不知道怎样与人和平共处。这些人若做了统治者就会贻害无穷。他们在政府内拉帮结派，从那些像孩子般服从的人中间挖出敌人。他们不论做什么事都是鬼鬼祟祟的，把他们的成功归功于自己的图谋。一旦别人发现了他们乖张的性格，他们就怒不可遏，把别人封锁在他们的奇思异想之中，最后一事无成。他们不能消化他们的烦恼，其他人拿他们的腹痛取笑。他们的判断力早已损毁，有时连他们的心也败坏了。对待这些妖怪的办法只有逃离文明社会，和蛮族同住。因为蛮族的野性，较诸这些野人们的野性，还是可以忍受的。

219. 勿以人为之事博取名声

勿以人为之事博取名声，尽管它是你生命中不可或缺的。宁可审慎，不可狡猾。每一个人都希望获得公平对待，但不是每一个人都愿意以此待人。勿把真诚变成单纯，机灵变成狡猾。以明智而受人尊敬，胜过以奸诈而让人恐惧。真诚的人被人爱，却常受人骗。至高的机智就是掩饰机智，因为机智会被人当成欺骗。坦诚在黄金时代遍地开花,而邪恶在当今之堕落时代喧嚣一时。被公认为能人乃是一种荣耀;它令人产生信任感。但是被公认为精明则人见人疑,诡计多端。

220. 不能披狮子皮,就披狐狸皮

不能披狮子皮,就披狐狸皮,追赶潮流就是领导潮流。如果你得到所想得到的,你的名声就在其中了。如果蛮力稍逊,不妨略施巧计;大路通天,各走一边,不走尊荣显贵的阳关大道,就走小试手段的捷径。巧计比蛮力管用,聪明征服勇力的次数,胜过勇力征服聪明。倘若得不到想要的东西,就有被人瞧不起的危险。

221. 凡事不可鲁莽

凡事不可鲁莽,以免自己或别人承担风险。有些人正是自己尊严的障碍,也是别人尊严的障碍。他们总是处在愚蠢的边缘。找到他们挺容易,和他们相处却很难。他们一天闹出100件烦心事还嫌不够。他们看见每一件事都厌烦,偶然遇见每一个人都与之势不两立。他们的判断总是和别人相反,什么事都不赞同。但是,最能够考

验我们的,正是这些成事不足,败事有余,抱怨一切的人。牢骚之域广阔无垠,怪人横行。

222. 模棱两可、守口如瓶,是精明的标志

模棱两可、守口如瓶,是精明的标志。舌头是头野兽,一旦放松管制,就难以叫它回到囚笼。言为心声。聪明人用它检查我们的身体;别有用心的人用它倾听我们的内心。问题是应当最审慎之人常常最不审慎。聪明人不自找麻烦,与周围和谐一致,有自制力。聪明人谨慎小心:像亚努斯①一样不偏不倚;像阿耳戈斯②一样考虑周全。好的莫摩斯③应当想到在手上长眼睛而不是在心口开天窗。

① 亚努斯(Janus),罗马门神,一张脸面向过去;另一张脸面向将来。

② 阿尔戈斯(Argus),希腊神话中的多眼怪,睡着的时候总有眼睛张开。

③ 莫摩斯(Momus),希腊神话中的嘲笑与指责之神,据传答应金属冶炼之神赫非斯脱斯造人,却没有在那人的心上开一个天窗,好叫别人可以看穿他内心的想法。

223. 不要以自我为中心

许多人以自我为中心甚剧,或是出于故作姿态;或是因为未曾察觉,做事想入非非,不是卓尔不凡,而是错误百出。有些人出名,是因为做过一件特别出格的蠢事,而以自我为中心的人出名,则是因为他们对待自己的方式特别出格。以自我为中心只会损害你的名声。这种与众不同的傲慢让一部分人好笑;让另一部分人着恼。

224. 凡事须知如何接受

凡事须知如何接受,凡事切勿违心接受。任何事物都有两个方面。如果你捏着有刃的一面,东西再好也会伤人;如果你只抓把柄,东西再有害也能够防身。只要处理得当,许多造成痛苦的事物本可以带来快乐。事物有利就有弊;关键在于懂得如何为我所用。从不同的角度看,事物有不同的面貌。所以要从好的一面看待事物;更不要好坏不分。难怪同处一个世界,总有几家欢乐几家愁。无论生在何时,无论追求什么,谨守这个准则,足以抵挡厄运。

225. 要知道你的主要缺陷是什么

要知道你的主要缺陷是什么,每一个天才都伴随一种缺陷,如果你听之任之,它就像暴君一样统治你。你只要正视它,就能推翻它:找出它而后征服它。同时还要提防那些接近你而利用这一缺陷的人。要把握自己,就要时常反省自己。一旦这种主要的缺陷投降了,其他的缺陷也跟着投降。

226. 一定要讨众人的喜欢

许多人待人接物,不是根据对方的身份,而是根据他们喜欢对方的程度。随便谁都能够让我们相信坏事,因为相信一件坏事容易,尽管有时看上去有点难以置信。我们最好的东西和大多数的东西,都要依靠他人对我们的尊敬才能获得。有些人自恃行事公正,但还不够:一个人还必须勤勉有加。使人愉快所费甚少,所得甚多。要用言语购买善行。在世界这个大家庭里,没有什么东西一年也用不上一次的。言词虽贱,需求却大。要记住,当人们谈论什么的时候,总是带有感情色彩的。

227. 切勿流于第一印象

有些人视初次接受的信息为结发夫妻,把以后得来的信息当作小老婆。既然欺骗总是捷足先登,于是真理就无立足之地了。初次想到的目标,不必矢志不渝;初次提出的问题,也不必殚精竭虑:否则会显得你缺乏深度。有些人喜欢新酒坛:他们爱嗅散发出的第一缕清香,而酒好酒劣全然不顾。当其他人知道这一分寸,就开始图谋不轨。那些恶徒用各种他们想用的颜料去点染轻信。凡事应当多看上几眼。亚历山大深谙兼听则明之道。要注意你的第二次与第三次信息。流于印象显得缺乏深度,而与狂热不远。

228. 不要成为一张黄色小报

不要成为一张黄色小报,勿以指责他人的名声而闻名。勿贬损他人以表现诙谐。否则,所有人都将报复你,于你不利,因为你是单枪匹马,人家人多势众,故你必败无疑。勿以他人的缺陷而窃窃暗喜,亦勿妄加评论。传播流言蜚语的人总归使人讨厌。他混迹伟人之间,但他们只是将他当作逗乐,而不是聪明的人。说坏话的人听到的话更加糟糕。

229. 要让人生有条不紊

要让人生有条不紊,不可糊涂、慌乱,而要有所预见和判断力。没有休息的生活是痛苦的,就像长途跋涉一整天却未见一座乡村旅舍似的。见多识广,生活快乐。为了生活美好,我们要做的第一件事就是去和逝者对话:我们天生就是要认识世界,认识自己的,而书本真正把我们变成为人。我们要做的第二件事是和活人对话:观察世界上一切美好的事物。并非所有的东西都在一个地方找到。在分配嫁妆的时候,宇宙之父有时会把财产赠予最难看的女儿。第三件事完全是属于你自己的:最大的快乐乃是懂得哲理。

230. 在闭上你的眼睛以前,要张开你的眼睛

在闭上你的眼睛以前,要张开你的眼睛,不是所有张开眼睛的人都看得见,也不是所有人看了就一定看得见。认识事物过于迟缓,无可救药,只是徒增伤悲。待到有人睁眼看世界的时候,已经没有什么可看的了:他们早已失

去了可以依凭的家园和工作。把知识授予没有意志的人，可谓难矣；但是，把意志给予没有知识的人则更难。人们围着这些人打转，就好像围着盲人随意欺负似的。因为这些人充耳不闻一切忠告，也不睁眼看世界。有的人怂恿这种盲目：他们盲目，是因为其他人并不盲目。马主人是瞎子，这马必然不幸。它将永远羸弱。

231. 作品尚未完成，切勿让人看见

作品尚未完成，切勿让人看见，要让他们欣赏完美无缺的作品。一切在开始的时候都是不成形的，畸形的样子难以从记忆中抹去。对于某些尚未完成的事物的记忆，只会败坏完成之后我们对它的鉴赏。对庞大的东西只看上一眼，虽然欣赏不到细部，但可以满足我们的口味。凡事尚未成型，什么也不是；就算开始成形，也是不存在的。眼看着最新鲜的菜肴由生到熟，只是让人感到厌恶。高明的教师小心谨慎地不让自己的工作尚处在萌芽阶段就让人看见。要向大自然学习，在事情没有变得好看之前，不给任何人看。

232. 要具备一点实践能力

要具备一点实践能力,不是每一件事都要苦思冥想;你还必须有所行动。最聪明的人最容易上当受骗:他们满腹经纶,但是对日常的生活所需一无所知。对于崇高事物的沉思默想使他们远离普通的、容易的事物,他们不知道生活的要务——而其他人在这方面却十分老到,他们不是让肤浅的众人称奇,就是被他们当作无知。所以,有智慧的人应当有一点实践的能力,足以不被欺骗和嘲笑。要懂得如何处理事务:不必是生活中最高的,但应是最必须的事务。无实践意义的知识有什么好处呢?当今之世,真的知识就在于懂得如何生活。

233. 不要误会他人的趣味

不要误会他人的趣味,以免给人带来痛苦而非快乐。有的人试图讨人欢喜,结果却招来怨恨,因为他不了解别人的性格。同一件事使有些人高兴,而得罪另外一些人。你好心助人,反被认为冒犯。有时,使人高兴比使人生气带来更多一些烦恼。你若是不懂得取悦于人,不仅别人的感激之情丧失殆尽,自己的天赋也毁于一旦。如果你不了解别人的性格,就不能使他心满意足。因此有些人自以为称赞人,自己反被攻击:他们活该受此惩罚。其他人自以为在滔滔不绝奉承我们,实际上却是用空洞的废话打击我们的心脏。

234. 如果你把荣誉托付给其他人,就要使他信守誓言

如果你把荣誉托付给其他人,就要使他信守誓言。言多必失带来的恶果,与保持沉默带来的益处,对于你们两人都是同样的。凡事涉及荣誉,所有的人利益一致,一个人保全自己的名声应当顾及他人的名声。最好不要向别人吐露心声,但是如果你这样做的话,就要安排妥当,以便你的知己将表现得又精明又审慎。风险同当,利益共享,你的知己不至于变成不利于你的见证人。

235. 要懂得怎样求人

要懂得怎样求人,这对有些人难上加难;对另一些人则是举手之劳。有些人不知道怎样说"不",你不必对这些人耍手段,或用上什么万灵妙药。对于其他知道说"不"的人,倒是要花费一些气力的。对于这些人,应当捕

捉适当的时机。趁他们心情良好的时候,在他们的心灵和肉体得到轻松享受之后,截住他们,除非他们已经注意到了你的意图。愉快的日子正是人们行善的时刻;因为快乐发乎内心,泽被外人的。当你看到有人被拒绝,千万不要再凑上前去求助,因为此刻说"不"已经无所顾忌。从一个可悲之人那里,什么也别想得到。事先让人有所亏欠,乃是极好的办法,除非他们卑鄙邪恶,不懂得知恩必报。

236. 把对别人的报答转变成为恩惠

把对别人的报答转变成为恩惠,这是一种高明的策略。施予恩惠比酬谢更加显得高贵。巧妙地施予恩惠可以起到双重的效果。其一,及时给予更能够团结受惠的人。其二,义务转变成为感激。这是一种微妙的变化:你以还债始,又把债务转给了你的债主。这在有教养的人中间方才行得通。对于流氓,提前给付谢礼只是钳制而不是鞭策。

237. 切勿与比你尊贵的人共享秘密

切勿与比你尊贵的人共享秘密,你以为与人平分一只梨子,而你分到的只是削下来的皮而已。许多人往往毁在了知己手中。他们就像面包皮做的勺,一沾汤就完结。听到了国王的秘密,不是特权而是负担。许多人砸碎镜子,因为镜子使他们想起自己丑陋的面孔。他们不能忍受那些看到他们真面目的人。如果你看到什么不应当看到的事,就再也看不到别人的好脸色了。切勿做任何贵人,特别是那些有权势的人的债主。要做你所施恩惠之人的债主,而不是你所接受之人的债主。朋友之间的信任是最危险东西。把自己的秘密告诉别人,自己就成为奴隶,这正是一个君主所不能忍受的犯上之举。为了恢复昔日的自由,他们不惜践踏一切,甚至理性。秘密?勿听勿言。

238. 要知道什么使你功亏一篑

要知道什么使你功亏一篑,许多人本可成为完人,如果他们知道,那使他们差一点达到完美境界的东西究竟是什么。有些人本来可以得到更多,如果他们注意到点滴小事。有点人不够认真,断送了他们极好的天赋。其他人不够豪爽,很快失去他们的家人和朋友,尤其在他们掌握权力之际。有些人办事拖拉,其他人则缺乏反省能力。如果他们注意到这些瑕疵，他们就能够轻而易举地造就自己。因为谨慎使习惯成为第二天性。

239. 不可聪明反被聪明误

不可聪明反被聪明误，谨慎为上。智力过人反而会模糊自己的目标，这种事原本只发生在心智平庸者身上。常识比较可靠。聪明固然好，但是学究气则不然。推论过多引发争端。推论不让最基本的判断力失误，足矣。

240. 愚笨有愚笨的用处

愚笨有愚笨的用处，甚至最聪明的人有时也利用愚笨，有时候大知显得无知。不可真的无知，只是装作如此。愚人不在乎智慧，而白痴不在乎疯子。所以，要用每一个人听得懂的话与他说话。愚人不同于假装愚人的人，愚人就是愚人，因为假装已非愚蠢。要得到别人的称赞，就要披上一张驴皮。

241. 要容许别人开你的玩笑，但你不要开别人的玩笑

要容许别人开你的玩笑，但你不要开别人的玩笑，前

者是一种慷慨,而后者将使你遇到麻烦。在聚会中遇到一个缺乏幽默感的人,甚至比遇到一头野兽还要糟糕。一个精彩的笑话使人轻松愉快,懂得承受这一笑话乃是天才的标志。如果你显出生气的样子,只会再次遭人取笑。总有机会阻止笑话,不被人笑话。笑话有时会引发最严重的问题。没有比讲笑话更加需要注意力和技巧的。在你开始讲一个笑话之前,要知道其他人有多大的承受力。

242. 坚持到底,夺取胜利

有的人只知善始,不知善终。他们性格变化无常,凡事有始而无终。他们从来不会赢得称赞,因为他们有所为,而不持之以恒。在他们那里,事情尚未结束就已完结。西班牙人出了名地没有耐性,而比利时人则以耐性而闻名。后者足以成事,前者足以玩完;后者任劳任怨,直到征服困难,而前者只是满足于征服,却不知道怎样夺取最后胜利。他证明自己能够做到,只是不想做到而已。这不啻为一种瑕疵:既不持之以恒,又浅尝辄止。值得做的事就值得做完。如果不值得做完,为什么还要去做呢?

聪明的人不只搜索猎物,而且杀死猎物。

243. 不要总是做一只鸽子

不要总是做一只鸽子,要让蛇的诡计与鸽子的天真相互作用。再也没有比一个善人更加好欺骗的;从来不欺骗人的人容易轻信。被人愚弄未必是愚蠢的标志;有时不过是善良的表现。有两种人善于预见危险:一种人从自己的经验中汲取教训;而聪明的人则从别人的无数经验中汲取教训。你应当谨慎地预见自己的困难,也应当精明地摆脱它们。不要太过善良,让别人使坏有机可乘。要一半是蛇蝎,一半是鸽子;不要做魔鬼,但要做天才。

244. 要使人亏欠于你

有些人表面上为别人牟利,以便使自己牟利:他们自己受惠于人,倒像给人以恩惠。有些人狡猾多端,他们自己得益在先,使人得益在后;他们给人恩惠,自己也少不了一份。他们安排巧妙,使别人在给他们某些东西时,好像是欠账还钱似的。他们出奇地聪明,颠倒恩惠的顺序,也不知道究竟是谁受惠于谁。他们只是略加吹捧,就可买到最好的东西。他们表示喜欢某物,以此给人以恩惠,极尽奉承之意。他们慷他人之慨,把本来是自己所向往的东西,变成了别人应当偿还他们的债务。他们只用"施惠",从来不用"受惠"一词,他们是天生的政治家而不是语法家。这已经足够微妙,但更微妙的是,他们随便抓住一个人,就可以如法炮制,撤销公平的买卖,授人恩惠,而自己获益。

245. 有时不可以常识看问题

有时不可以常识看问题,这表明你有超出常人的天赋。从不反对你的人,不要把他看得过重。这并不表示他喜欢你,而是喜欢他自己。不要为奉承所愚弄;不要报答,而要责备。对于那些说好人坏话的人,尤其要把他们批评当成尊敬。当你的一切令所有人感到快乐,你就应当为之痛苦;这是一个标志,说明它们并不完美,因为完美只是属于少数人。

246. 没有人要你解释,就不要解释

没有人要你解释,就不要解释,即使有人要求,也不

必急于解释,而显得愚蠢。在别人提出要求之前就解释理由,只会使自己理亏,无病放血只会导致疾病与邪气攻心。事先为自己辩解反而使人疑窦丛生。聪明人面对他人的怀疑脸不变色心不跳:以免自讨没趣。他应当以坚定的、正义的神态佯作不知。

247. 知识要多懂得一点,生活要少享受一点

知识要多懂得一点,生活要少享受一点,有些人以为正好相反。正当的休闲好过不正当的劳作。当今时代,除了称之为孤立无援和无家可归的住所外,我们无以名之。生命何等珍贵,耗费在机械的工作上,与耗费在玄虚的事情上一样,是愚蠢的。既不要为自己负担劳作,也不要负担嫉妒。否则就是践踏生命、窒息心灵。有些人把这一原则沿用到知识上,但是人若无知便不能生活。

248. 不要为最近的东西所迷惑

不要为最近的东西所迷惑,傲慢无礼总是要走极端,有的人只是相信他们最近听到的东西。①他们的感官和欲望是用蜡做的:凡是最近的东西,不论什么,都能给他们

留下印象，而以前的东西就全部抛到脑后去了。这些人容易获得，也容易失去。每一个人都可以往他们身上涂抹不同的色彩。他们是最糟糕的知己，是长不大的孩子。他们的理智和情感变动不居，他们总是随波逐流，意志和判断力游移不定。

① 另外一个极端就是轻信最早听到的事。见第227条箴言。

249. 不要等到一切结束的时候才开始生活

不要等到一切结束的时候才开始生活，有些人在开始处就趴下，把努力和疲劳留到最后。应当首先做最重要的事，然后留有余暇，做琐屑的小事。有的人空想在斗争之前就取得胜利。其他人则从最无关紧要的事着手学习，而把那些能够获得名声的、有用的东西推到生命的最后一刻。有些人一交上好运就自负起来。求知与生活，方法最重要。

250. 我们何时应当小心谨慎？

我们何时应当小心谨慎？有人心怀叵测地谈论我们的时候。有人颠倒黑白，混淆是非。如果他们批评什么，就意味着他们非常看重它。他们自己对之垂涎三尺,就在别人面前编派它的不是。不是所有的赞美之辞都是中听的。有些人赞美邪恶,以此拒绝称颂美善。一个人发现不了恶徒,也看不到善士。

251. 尽人之道,仿佛神之道之不存;尽神之道,仿佛人之道之不存

尽人之道,仿佛神之道之不存;尽神之道,仿佛人之道之不存,一位大师①如是说,此言得之,毋庸赘言。

① 指罗耀拉的圣伊纳爵(1491—1556),耶稣会创始人。

252. 活着不都是为了自己,也不都是为了别人

活着不都是为了自己,也不都是为了别人,否则便是一种暴君般的贪得无厌。如果你只想属于你自己,那么,你就会想让一切都围绕你转。这些人甚至在最小的事情上,也不知道怎样忍让,他们不愿意放弃哪怕微不足道的一点快乐。他们从来得不到别人的喜欢;他们只相信自己的运气,而获得一种虚妄的安全感。有时属于他人,好叫他人也属于你,这没有什么不好。如果你想得到一份

公职，就必须做一个公仆。不勇挑重担，就退位归隐，有老妇人对哈德良①如是说。有些人完全属于他人，因为愚蠢过头，而且这是一种非常不幸的愚蠢。他们没有一天、一小时想到自己，把自己全部交给他人。就是在理解力上也是如此。有些人理解他人的一切，偏偏不理解自己。你仔细观察，便会理解，人们有求于你，不是为了你，而是为了他们自己。他们感兴趣的是你能够为他们做什么。

① 哈德良(Hadrian，75—138)：罗马皇帝(117—138)，图拉真的义子和继位人，曾游历罗马帝国全境，巩固边防。

253. 不要过分清晰表述自己的思想

不要过分清晰表述自己的思想，大多数人对于理解的东西，很少再去反思；不理解的，却崇敬有加。要保持身价，就要让人觉得难弄：人们不理解你，反而会更加看重你。为了赢得他人的尊敬，要让凡是与你打交道的人觉得，你比他们所想象的还要聪明睿智、深谋远虑。但是一切要做得温文尔雅。有学识的人看重头脑，不过大多数人看重身份。要让他们照你的意思去揣测琢磨，不要留给他们批评你的口实。许多人赞美人并不知所以然。凡是隐秘的、神秘的事物,他们无不敬重有加,他们赞美它,仅仅因为听到有人赞美它。

254. 不因恶小而满不在乎

不因恶小而满不在乎,因为它们从不独来独往,而是成群结队,就和福乐一样。祸不单行,福有双至。大多数人避祸就福。就算鸽子头脑简单,也知道寻找最干净的鸽棚居住。倒霉的人一无所有:没有自我,没有理性,没有安慰。倒霉入睡,千万不要吵醒它。一次疏忽起初并无大碍,以后会招来致命的、永恒的堕落。至善难求,诸恶难去。面对天赐的不幸要忍耐,面对人间的不幸要谨慎。

255. 要知道如何行善

要知道如何行善,行善不在于多,但要经常为之。送人情不要多过别人所能回赠的。给多了等于没给;那是强卖。不要让别人的感激一次就枯竭了。知恩图报者若无力回报,就会与你断绝交往。你想失去他们,只要使他们感到大大地欠了你的人情债。他们若无力偿还,就会滑脚,跑到敌对的一方。雕像不想看到把它雕刻成形的艺匠,受惠的人不想叫施主看见。要学好施舍这门课:想讨人欢心,就要送那些人们极其需要,但所费不多的礼物。

256. 时刻提防

时刻提防,粗鲁、执拗、头脑简单,以及各式各样的愚妄。这些东西数不胜数,审慎之人要把它们统统拒之门外。每天面对审慎之镜下定决心,以便抵御它们的进攻。要有远见,不要出于贪婪而拿你的名声冒险。以审慎为武装,就不会遭到愚妄的攻击。人与人之间充满尖利的暗礁,你的名声难免撞上。最安全的办法是改变航线,向尤利西斯讨聪明。规避暗礁的技巧便在于此。重要的是,为人要慷慨,礼貌要周全,此乃摆脱难关的最便捷的办法。

257. 不可随意与人断绝关系,否则你的名望就会丧失殆尽

不可随意与人断绝关系,否则你的名望就会丧失殆尽。劲敌人人都有,但非人人皆可引为挚友。行为端正

者屈指可数。老鹰和屎壳郎交恶,就是在朱比特的怀里做巢也不会感到安全①。说话鲁莽,便会激怒待机而动的伪君子。朋友遭到冒犯,就会变成最残酷的敌人:除他最大的缺点外,还加上你所有的缺点。别人看到我们与人失和,他们就会直言不讳,妄加批评。他们又是批评我们的当初建立的友谊(缺乏远见),又是批评我们友谊的终结(居然捱了这么长的时间)。如果非与人分手不可,就要温文尔雅、宽宏大量,充满善意,在不知不觉中进行,而不是粗暴地大吵一场。那个关于漂亮的撤退的格言②在此便有了用处。

① 典出伊索寓言《鹰和屎壳郎》:老鹰侮辱了屎壳郎,双方结仇。老鹰躲到朱比特的衣兜里结巢,屎壳郎丢进一颗大粪。朱比特抖动衣衫,把老鹰的巢也弄坏了。

② 箴言第38条。

258. 要找到能够与你分担不幸的人

要找到能够与你分担不幸的人,甚至在危险的境地也永远不会孤立无援,不必独自承受他人的怨恨。有些人什么事都想插手,他们所做的就是指摘别人的一切。

所以要有人能够原谅你,或者帮助你渡过难关。好运和暴虐都不会迅速接连袭击两个人。医生若是误诊了,不会再错一次,叫人来帮忙抬棺材。重担和悲哀,两人共同承担,因为不幸无人分担,将双倍地难以承受。

259. 对于使你当众出丑的行为,要有所预见,从而把它们转化为善意的行为

对于使你当众出丑的行为,要有所预见,从而把它们转化为善意的行为。免于当众出丑,比报复使你出丑的人更加聪明。把潜在的对手转化为知己堪称一大技巧。那些本来会攻击你名誉的人变为保护你名誉的人。懂得怎样让别人欠你的人情,化污辱之举为感激之情,实在大有裨益。懂得生活就是要化悲哀为喜乐。化恶意为知己。

260. 你不可能完全属于他人,他人也不可能完全属于你

你不可能完全属于他人,他人也不可能完全属于你。仅有血缘关系是不够的,仅有深情厚谊也是不够的,甚至仅有最有责任感的朋友也是不够的;因为把你的心掏给他,与把你的意志加给他,两者大不相同。甚至最亲密的

友谊也有例外。不论你与他人多么亲密,温文尔雅之道切不可忘。就是对待朋友,也要保守这样或那样的秘密,就是儿子也不把一切透露给他父亲。有些事你与一些人交流,而不与另一些人交流,或者相反,所以,究竟忏悔一切还是隐瞒一切,皆视你的知己而定。

261. 切勿坚持愚蠢的行为

有的人任凭自己做错事。他们一错再错,却坚持不改。他们在内心深处自责不已,但在众人面前替自己寻找借口。当他们起初做蠢事,人们以为他们粗心大意;当他们继续做蠢事,人们就认为他们愚不可及。有的人深陷愚蠢而不自拔,目光短浅而不自知。原来他们是想做一个诚实的傻瓜。

262. 要知道如何忘却

要知道如何忘却,忘却与其说是一种技巧,不如说是一种运气。最有可能遗忘的正是最容易记住的事。人的记忆力不仅卑鄙——需要它的时候止步不前,而且愚蠢——不需要它的时候反而不请自来。它有时挥之不去,平添痛苦,有时不经意间又带给我们快乐。有时,摆脱烦恼的最佳办法就是忘却,但是我们忘却的正是这种办法。我们应当训练我们的记忆力,教会它更好的处世之道,因为它既能够带我们上天堂,又能够使我们下地狱。自我满足的人从来不在乎忘却——他们总是在愚钝的天真中快乐无比。

263. 有许多快乐的事情,属于别人反而更好

有许多快乐的事情,属于别人反而更好,那样你就可以多多欣赏它们。第一天,快乐属于拥有快乐的人;第二天,就要让它属于别人。当好事属于别人的时候,我们对于它的欣赏就是双重的:我们不必担心失去它们,这毋宁也是一种新奇的快乐。凡是我们品尝不到的东西都是好的;别人的白水也是醇醴。自己拥有的东西只会喜悦日减、烦恼日增:是送人呢,还是不送人。当你拥有某物的时候,实际上在为别人而拥有,敌人从中得到的好处比朋友为多。

264. 不可有一日粗心大意

不可有一日粗心大意,有时幸运之神喜欢开个实际

的玩笑,会抓住任何机会叫你掉以轻心。满腹经纶、为人谨慎、勇气十足,甚至是智慧超人,都不得不领受幸运之神的考验。它们觉得最自信的时候,也是最不可靠的时候。审慎总是在最需要审慎的时候最为匮乏。正是"我怎么就根本没有想到呢"这句话叫我们失足,一败涂地。那些小心观察我们的人,所用的就是这条计谋,他们正是在乘我们不备,掂量我们、审查我们;我们才华横溢的时候,他们漠不关心。他们选择我们最不希望被考验的那天来考验我们。

265. 要让那些仰仗你的人始终处于艰难困苦的境地

要让那些仰仗你的人始终处于艰难困苦的境地,处境危难使许多人成为真正的人:正是落水时才学会了游泳。正是通过这样的途径,许多人发现了他们的价值所在,他们懂得多少,这些在平时是看不见的。艰难时世给我们机会获得再生,当一个高贵的人发现自己的荣誉陷入危险,他所能够做的要超过1 000个人。天主教徒伊莎贝拉[①]深谙这一教训(和其他教训一样),由于及时的恩宠,伟大的船长获得新生,而其他许多人则名声永载史册。以此巧妙的办法,她造就了不少伟人。

① 伊莎贝拉(Isabella,1451—1504),卡斯蒂利亚女王和阿拉贡女王,为西班牙的统一作出过贡献,曾经资助哥伦布航海探险。

266. 人善遭人欺

从不知道生气,就会受人欺侮。那些对各种事情都漠然置之的人,算不上真正的人。他们为人处世不是出于淡漠,而是出于愚蠢。对于环境的逼迫作出强烈反映,这才是一个真正的人。甚至雀鸟也敢拨弄稻草人取乐。化苦境为乐事,表明有好的品位:甜蜜只为孩子和蠢人预备。事不关己,只做一个老好人以至于丧失自我,实在是一种大恶。

267. 即使讨好的话,也要温柔地说出口

即使讨好的话,也要温柔的说出口。利箭穿身,恶语穿心。糖块使口气清新。公开表达观点,要讲究技巧。多数事情用言辞就可以打发,言辞足以使你摆脱困境。当人们被吹捧到了天上,一头扎在五里云雾之中时,就可

以公开与他讨价还价了。一个君王的心特别容易被言辞所打动。嘴巴上涂满蜜糖,把每个字化作糖块,就是你的敌人也会喜欢。讨人喜欢的不二法门就是彬彬有礼、使人愉悦。

268. 聪明人做事利索,愚笨人做事拖拉

聪明人做事利索,愚笨人做事拖拉;两人做一样的事,所有的差别就是时间不同。前者动手正逢其时,后者动手不是时候。如果你动手在前,反思在后,那么,你做任何事情都无出此道:上下颠倒、左右并分、笨手笨脚。凡事要有所得,只有一种办法:趁早下手。否则,本来可以充满乐趣的事情,到时候就是负担。聪明人会及时抓住必须要做的事情,并且乐意为之,令自己名声大噪。

269. 利用他人对你的新奇感

只要你以新奇的面目出现,就会备受尊敬。新奇的事物由于变化多端,令每一个人愉悦。我们的口味善于体验新鲜事物。一个新包装的平庸之辈,比我们所熟悉的天才更会被人所看重。和我们打成一片的出类拔萃

者,很快就会陈腐。要记住,新奇的荣耀不长久。四天之内,人们就会失去对你的尊敬。一旦新鲜感消失,热情化为冷淡,愉快化为不悦。万物各有其当令的季节,然后就会死去,千万不要怀疑这一点。

270. 不要只成为一个谴责流行的人

不要只成为一个谴责流行的人,凡是流行的事物总包含某些好的因素,因为它们让众人喜欢,虽然莫名其妙,依旧有人欣赏。怪僻令人讨厌:运用不当,更加滑稽。奚落流行,自招奚落,最后只剩下低下的品位。如果你不知道如何寻找好的,就隐藏你的愚钝,不要指摘流行的事物;因为低下的品位往往出于无知。人人都说的事,不是正确的,也被认为正确的。

271. 如果你所知甚少,那么就要坚持最有把握的那件事

如果你所知甚少,那么就要坚持最有把握的那件事,人们不会认为你单纯,而是以为你稳健。人有所知,可以冒险,可以沉浸在他的幻想之中;人若无知,还要冒险,便不战自溃。凡事秉持公正,虽历经尝试和考验也不会出

偏差。对于知之不多者,这是一条康庄大道。不管你知道还是不知道,心中有底总比行为古怪要可靠。

272. 在你出售的货物价格上还要加上谦恭

在你出售的货物价格上还要加上谦恭,这样会使别人感觉更加有义务购买。自私之徒的要求,与慷慨而令人愉快的赠礼无法相提并论。谦恭不是简单的给予,它可以维系人心。谦恭的言行使人觉得愈发要买进。对于高贵的人而言,再没有什么比白送给他东西更加珍贵。你以两种价格卖给他两次:它本身的价格和谦恭的价格。对于恶徒而言,谦恭就显得多余了,以为他们并不理解好心话。

273. 要了解所交往者的性格

要了解所交往者的性格,以便洞穿他们的意图。知道原因,就知道结果。结果自会透露动机。忧郁的人总是一脸不快,爱反驳的人常常出错。他们总是往最坏处着想,无视已经存在的美好事物,渲染可能出现的邪恶。为热情所支配的人不会谈论事物的本来面目:那说话的是他心里的热情。人人凭感情和气质说话,与真理相距遥远。你要知道怎样察言观色,破译写在人心中的文字。要知道笑个没完的人是傻瓜,而不苟言笑的人是虚伪。要防备不断向你提问的人,因为他们不是问得过多,就是吹毛求疵、拘泥小节。长相平淡的人,不要指望太多。这些人喜欢报复自然,因为自然赋予他们太少。长相俊美则是傻蛋一个。

274. 要施展魅力

要施展魅力,使人着迷是一种智慧。要用魅力和谦恭抓住善人的心,使他们为你服务。如果你不知使人愉快,就不足以功成名就——使人愉快可以赢得人们的赞誉。博取万众的欢呼,乃是我们用来治人的最有用的工具。有人发现你是一个有魅力的人,这是一种运气,但是魅力还要辅之以谋略,两者相得益彰。魅力通往仁慈,最终赢得众人的喜爱。

275. 随大流,但不可有失体面

不要总是摆出一副庄严肃穆、愤愤不平的样子。这样才是谦恭。要博得众人爱戴,礼貌只要点到为止。在适当时候,不妨随大流,但是这样做的时候,不可有失体面:在大庭广众之下被当作傻子的人,人们在私底下也不会把他当作聪明人。一天之内谈笑间所失去的,比多年的庄重所得到的更多。不要总是显得落落寡合。离群索居本身就是对他人求全责备。也不要吹毛求疵、过分敏感,那是女人的性格。甚至在灵性方面吹毛求疵也是有悖常理。女人可以仿效男人的性格,但是男人切不可仿效女人的性格。

276. 更新你的性格,使之发自天然,又出乎人为

更新你的性格,使之发自天然,又出乎人为。人们说,一个人的境遇每7年有一次大变:要让每一次的变化改进并且提升你的品位。在生命的第一个7年后,我们达到了理智的年代,以后的每一个7年里,都要达到一个新的完美的境界。遵守这一自然的变化,要有助于实现这一变化,还要他人来助你一臂之力。这就是为什么许多人改变了他们的行为方式和地位,或者他们的工作,人们常常并不注意,最终便看见发生的巨大变化。20岁时,

你是一只孔雀;30岁是只狮子;40岁是头骆驼;50岁是条蛇;60岁是狗;70岁是猴;80岁就什么也不是了。

277. 展现你的天赋

展现你的天赋,要炫耀它们。人各有自己发达的日子。要充分利用;不是天天都能够凯旋而归。那些豪爽之辈都是不鸣则已,一鸣惊人。你有天才,又有展示天才的能力,前途就不可限量了。有些国家熟谙怎样炫耀自己,而西班牙则比其他任何国家做得更好。世界刚刚造好,就有光照耀其间。炫耀使人心满意足,损有余而补不足,使一切旧貌换新颜,如果脚踏实地,恰到好处,则更是锦上添花。上天把完美无缺赏赐给大家,鼓励我们展现我们的天赋。你要熟谙此道;甚至最优秀的东西,也有赖于环境,并不总是生逢其时。卖弄不是时候,则毫无效果。炫耀不可伪装,因为卖弄近似自负,自负近似藐视。要以谦恭之心为之,以免化为敝俗,在聪明人面前炫耀天赋会被看不起。炫耀要有点无言的雄辩、要漫不经心。心知肚明而佯装不知,是赢得赞誉的最好办法,因为有所欠缺会引发人的好奇。不可一下子把自己的造诣都抖搂出来,而要一点一点显摆,由少及多,这便是诀窍所在。让一次荣耀激发出另一次更大的荣耀,让第一次欢呼带来另一次的欢呼。

278. 不要孤芳自赏、自顾流盼

不要孤芳自赏、自顾流盼,当别人注意到你这样做作的时候,你的天赋也会变成瑕疵,就会被人讥评为乖僻之人。甚至美貌,一旦过头,于声名有害。如果使他人犹豫不决,反而令人讨厌,而名声狼藉的乖僻性格造成同样后果,甚至更糟。有些人就是想以邪恶出名,设法使名誉扫地。甚至在学识上也是如此,博学过分则滋生迂腐。

279. 不要回应非难你的人

不要回应非难你的人,首先要弄清楚,他们是聪明人,还是鄙俗之人。非难并非总是难以对付,有时仅仅是个诡计。所以要当心,既不要落入前者的圈套,也不要为后者所迷惑。要像一个间谍那样警觉,当有人掌握了开启心灵的钥匙的时候,就要提防他,把防人之心的钥匙插到锁心眼的另一面去。

280. 做一个诚实的人

善行一去不复返,好心不得好报,绝少有人以他人应得的礼遇待人。大千世界之中,最大的付出得到最小的回报。诸国都以恶待人。一个人害怕这些人背信弃义,那些人言行不一,还有些人弄虚作假。要留心别人的恶行,不为仿效,而是为自己不被沾染。你自己的诚实可能被他人的恶行所败坏。但是诚实之人不会因为别人怎样而忘记自己是怎样的。

281. 要喜爱有知识的人

一个不冷不热的"好"字,出自一个真正独一无二的人之口,抵得上乌合之众的欢呼。何必因为土老帽的几声打嗝而欢喜异常呢?聪明人说话有感而发,他们的赞誉带来无上的快乐。有见识的安提哥努斯[①]把他全部的名声都归给芝诺一人,柏拉图将其学派全部传授给了亚里士多德。有些人只是想填饱肚子,即使粗茶淡饭也罢。甚至君主也需要有人为他树碑立传,他们害怕鹅毛笔,胜过相貌丑陋的人害怕肖像画家的油画笔。

① 安提哥努斯·贡纳塔(Antigonus Gonatas)是马其顿国王，曾经大大赞美斯多亚哲学的创始人芝诺。

282. 不在场

以不在场赢得尊敬或优遇。在场有失名望,不在场则增加名望。不在场的人,原先以为是狮子,一上场就变成老鼠——山林中一种奇特的生物。天赋一经行动就黯然失色：看见的是外表而非精神的高度。想象力比目光运行得更加快捷。欺骗瞒得过耳朵,却瞒不过眼睛。一个人急流勇退,遁入名声的中心,就可以保全他的好名声。就是凤凰也是运用退隐之道保持其尊严,把别人对它的贪欲化为敬重。

283. 要具有创造性,但是要合乎常理

要具有创造性,但是要合乎常理。创造发明显示一个人智慧超常,但是谁能够做到这点而不至于稍有一点疯癫呢？有创造力的人天真无邪；而作出明智的选择的人,才是审慎之人。创造力也是上天恩赐,极为罕见,因

为许多人善于择善而从,但是很少人善于睿智的创造发明,这些人屈指可数,卓尔不凡,领先潮流。新奇的事物总是讨人欢喜,一旦成功,就会令好事成双。就判断力而言,创造力是危险的,因为它包含二律悖反;就智慧而言,则是值得赞扬的,只有在这两方面都获得成功的人,才值得欢呼。

284. 关心自己的事情

关心自己的事情,就不会被人小觑。如果你想得到别人尊敬,先要自尊。要节约,不要铺张。在人们需要的时候,伸出援助之手,这样才会被人接受。切勿不请自来,切勿自告奋勇,除非受人之托。一个人凡事出乎一己之愿,一旦失败,就会招来怨恨;即使成功,也无人喝彩。当你插手与你无关之事,你就是他人蔑视的对象;如果你干涉不该干涉之事,被打发走了还蒙在鼓里。

285. 不要因别人的不幸而毁灭自己

不要因别人的不幸而毁灭自己,知道谁遇到困难,就可以期待他来求你帮助、求你安慰。悲惨的境遇喜欢结伴而行,悲惨之人伸出长臂,抓住那些他们曾经不屑一顾的人。当你试图拯救落水之人时,自己也要当心。你不可能救助他而自己不遭遇的溺水危险。

286. 不要随便向任何人借债

不要随便向任何人借债,不然就会变成一个一文不名的奴隶。有些人生来比别人走运,他们乐善好施,而其他人接受他们的乐善好施。与接受馈赠而丧失自由相比,自由更加珍贵。让许多人仰仗你,比你仰仗一个人的快乐要大。有权有势的好处就是你可以做更多善事。首先,当你受惠于人,不要把它当成一种恩赐。在绝大多数情况下,那是别人的聪明使你产生这样的感受。

287. 不可感情用事

不可感情用事,否则你将错误百出。如果你处在癫狂状态,就不可自行其是,情绪往往把理智给放逐得远远的。所以要找到审慎的第三类者,他们不为情绪所动。旁观者清,当局者迷。当审慎之人感到情绪高涨时,就应该及时迅速撤退。否则,你就会热血沸腾、心狠手辣,而一阵短暂爆发将导致多日的动乱和尊严的丧失。

288. 要适应你的环境

自制、理性以及其他种种事情必须恰到好处。能够做的事情,就要不失时机地去做,机不可失,时不再来。生活中不要死守原则,除非一个人行为古板,不要让热情听从陈规,因为那样的话,来日你将不得不饮用今日不屑一顾的井水。有些人自相矛盾,傲慢之至,竟然要求环境适应他们的怪念头,帮助他们功成名就,而不是相反。但是,聪明人知道,审慎的原则在于使自己适应于周围的环境。

289. 目中无人,最为丢份

当他人把他看作是人的时候,就不再把他看成是神了。轻浮是获得名声的最大障碍。据说,谦让的人超出常人,而一个轻浮的人则连普通人不如。再没有什么邪恶比得上品质恶劣了,因为举止轻浮与令人肃然起敬的品质截然相反。轻浮之人难得有实在的东西,甚至他年高老迈时也是如此,因为德高望重之人为人审慎。尽管轻浮这种缺点常见,但它令人非常厌恶。

290. 把欣赏与喜爱混为一谈不是什么好主意

把欣赏与喜爱混为一谈不是什么好主意,为了保持人们的尊敬,不要让人过分爱戴。爱戴比憎恨更加任意无度。喜爱和尊敬是两码事。既不要过度的恨也不要过度的爱。爱导致亲昵,丧失景仰。由衷之爱,比热情之喜爱要好。

291. 要懂得如何试探他人

要懂得如何试探他人,要让庄重和含蓄渗透在礼貌和良好的判断力中间。要试探他人的判断力,自己的判断力要更大。要知道人的品质和性格,比知道石头和草药的品质和性味更重要。此乃生活中极其微妙之物。锣鼓听音,说话听声。言辞显示人品,行为尤甚。正是在此,一个人需要具备特别的细心、深刻的观察和批判的能力。

292. 要让你的性格胜过你工作上的要求

要让你的性格胜过你工作上的要求,而不是相反。不管职位多高,你必须表现出比它还高。每一个行业,智慧愈来愈高,愈来愈明显。心智浅薄的人易受生活的羁绊,责任的重负终将压倒他的名声。伟大的奥古斯都皇帝为了做一个好人而不是贵为帝王而感到骄傲。在此,人需要一种高尚的心灵、坚定的自信。

293. 成熟

成熟,它照亮一个人的外表,更照亮他的习惯。物质的重量赋予黄金以价值,而道德的重量则给人以价值。庄重与天赋同行,令人肃然起敬。沉着是灵魂的外表。它不是愚昧人所认为的无动于衷和一言不发,而是权威的平和的心灵;是妙语连珠,马到功成。只有成为一个真正的人,才是一个成熟的人。举手投足不再像一个孩子而变得庄重时,才能获得权威。

294. 发表观点要温和

每一个人都是根据他自己兴趣形成思想,并且提出种种理由来支持它们。大多数人的判断出乎情绪。君不见两人迎头相撞,都认为自己是对的。但是唯有理性才是真的,矛盾的双方不会都是对的。遇到这样的情况,要以智慧和谨慎之心待之。有时要设身处地替他人想想，谨慎地修正自己的意见。要从他人的立场检验你的动机。这样的话，你就不会如此盲目地指摘别人，而为自己辩护了。

295. 不要吹牛，而要实干

最没有理由骄傲的人最会为自己的行为感到骄傲。他们把一切变得神秘兮兮，完全不顾体面：没完没了地喝彩，提供不受欢迎的笑料。自负总是令人烦恼，但是这种浮夸只是令人嘲笑。有些人行事就像乞丐，小蚂蚁积攒自己的荣耀。天赋再高，不可有丝毫自夸。要满足于行动：让别人去夸夸其谈吧。抛弃行动，不要叫卖。不要把金羽毛笔借人，免得别人随意涂鸦，违背常识。要试着做一个英雄而非徒有其表。

296. 一个人要有庄严的品格

一个人要有庄严的品格，最伟大的品格造就最伟大的人。一个伟大的天才胜过大批平庸之辈。人一般都想自己的东西越大越好，甚至日常用品也不例外。伟大的人应当努力争取做一个伟大的天才。在基督教的上帝那里,一切都是无限的,都是无止境的;因此一个英雄的一切应当伟大而庄严的,因此他的所作所为,甚至是他的话也应当披上超越世俗的庄严的服饰。

297. 举手投足,仿佛有人在监视

一个注意自己言行的人看得见别人在盯着他看。他知道隔墙有耳,坏事终传千里。甚至在独自一人时,他的行为也是仿佛整个世界在监视他,他知道一切都会暴露在光天化日之下。举手投足仿佛已经有了见证似的。那些想叫每一个人都看到它的人,并不在乎人们待在自己房间里用目光搜索他的房间。

298. 有三件事造就奇迹

有三件事造就奇迹,并且达到尊贵的顶点:聪明、判断准确,以及愉快的、恰当的品位。想象力是一种极好的天分,但是良好的推理和辨别善恶的能力更胜一等。理解力要敏锐、不可窒碍。要置于脑内,而非脑后。一个人20岁时,意志占上风;30岁时,理解力占上风;40岁时,判

断力占上风。有些人的理解力可以在黑暗中前行,就像山猫的眼睛,在黑暗的环境中也能够照常进行观察。另外一些人总是循规蹈矩。他们好运连连。多么可爱的智慧!至于好的品味,则令一个人的生活妙趣横生。

299. 让人们有饥饿感

让人们有饥饿感,把蜜糖留在他们的嘴边。尊敬通过欲望来衡量。就像对待口渴的人一样,稍加缓解,他们就感激不尽,彻底缓解,于你反而无益。好事少而精,可以成双。凡事在第二回合中倒可能迅速衰败。过分的乐天派是危险的:他们甚至能使最永恒的优秀之物遭人唾弃。取悦于人的办法只有一种:吊人胃口,使之经常处在饥饿状态。按捺不住的欲望所做的事,远远超过餍足的享乐所做的,而且还会增加我们的快乐。

300. 总之,要做一个有美德的人

美德是一连串完美无缺,是一切幸福的核心。它使你谨慎、周到、精明、敏感、智慧、勇敢、细心、诚实、快乐、值得称赞、真诚……成为一个全世界的英雄。有三件事

使人得到福气:圣洁、智慧和审慎。美德是我们这个小小世界的太阳,其疆域就是良心。它赢得基督教的上帝或者生活中他人的恩宠,多么地令人愉快啊!再没有什么比美德更加可爱了,再没有什么比邪恶更加讨厌了。美德才是真实的,其他都是虚假的。天才和崇高都是有赖于美德,而非侥幸。只有美德才是自足的。它使我们热爱活着的,记住已故的。

图书在版编目(CIP)数据

处世的艺术/(西)巴尔塔萨·格拉西安著;晏可佳,姚蓓琴译.—上海:上海社会科学院出版社,2017
ISBN 978-7-5520-1983-4

Ⅰ.①处… Ⅱ.①巴… ②晏… ③姚… Ⅲ.①人生哲学-通俗读物 Ⅳ.①B821-49

中国版本图书馆 CIP 数据核字(2017)第 099610 号

处世的艺术

著　　者:(西)巴尔塔萨·格拉西安
译　　者:晏可佳　姚蓓琴
责任编辑:霍　覃
封面设计:黄婧妨
出版发行:上海社会科学院出版社
　　　　　上海顺昌路 622 号　邮编 200025
　　　　　电话总机 021-63315900　销售热线 021-53063735
　　　　　http://www.sassp.org.cn　E-mail:sassp@sass.org.cn
排　　版:南京理工出版信息技术有限公司
印　　刷:上海盛通时代印刷有限公司
开　　本:787×1092 毫米　1/32 开
印　　张:6.125
插　　页:4
字　　数:88 千字
版　　次:2017 年 7 月第 1 版　2018 年 1 月第 2 次印刷

ISBN 978-7-5520-1983-4/B·221　　　　定价:38.00 元

版权所有　翻印必究